水产养殖学专业实验实习教材

动物学实验

周一兵　曹善茂　主编

中国农业出版社

序

大连水产学院于“九五”和“十五”期间先后承担原国家教委“高等教育面向21世纪教学内容和课程体系改革计划”03-4-3项目“水产养殖学专业（本科）教学内容、课程体系及人才培养方案改革的研究与实践”和教育部“新世纪高等教育教学改革工程”1292B0611项目“水产养殖学专业（本科）实践教学创新体系的建立与实践”。两项改革的研究与实践工作历经10年，取得可喜的成绩，明显提高了实践教学质量和综合水平。

第一项研究工作创建了“水产养殖学专业（本科）人才培养模式”，初步建立“水产养殖学专业（本科）实践教学体系”，出版教材7部，公开发表论文20余篇。第二项研究工作在前项工作的基础上，经过整合与深化，构建并完善“水产养殖学专业实践教学创新体系”，创建“化学和生物学系列课实验教学新体系”，完善“综合教学实习和生产实习教学体系”，创建“生产实习效果调查体系及其质量评价指标体系”（生产实习管理机制），公开发表论文近20篇，出版水产养殖学专业实验实习教材6部，分别为《综合教学实习与生产实习》、《化学实验》、《动物学实验》、《水生生物学（水产饵料生物学）实验》、《水产动物机能学实验》和《鱼类学实验》。

综合教学实习教学体系的创建，是针对招生数量大幅度增加和教学时间相对缩短（教学计划总学时和课程学时减少），以及学生的分析问题与解决实际问题等实践能力也不令人满意等实际情况，改变过去单门课程的教学实习方式，力求专业基础课尽快结合水产养殖业的实际进行教学，采取多门专业基础课密切协作的方式，以养殖水域渔业资源调查为综合教学实习内容和协作的结合点，培养学生运用多门课程的有关知识和技能，以及分析与解决养殖水域生态学和渔业资源调查的综合能力。

生产实习新教学体系及其管理机制的构建，是20余年教学实践的经验总结，全面系统阐述了其内容结构、教学目标与成绩考核、实施条件和管理机制等；通过跟班参加主要生产环节劳动，结合生产实际的研讨会，以及开展科学小试验等科学、高效的教学方式，对培养学生的创新精神、实践能力、创业魄力和综合素质诸方面都起到重要作用，效果显著；创建与实施生产实习效果调查和质量评价指标体系等管理与激励相结合的管理机制，保证和提高了实习质量，促进了生产实习工作。

化学和生物学等5门系列实验课教学体系的创建，也是多年来实践教学改革的研究与实践的总结，把与水产动物体内变化机理有关的生物化学、动物生理学和水产动物营养与饲料学等机能学系列课和与水产养殖生态环境有关的化学系列课，以及水产饵料生物学、动物学、鱼类学等生物学系列课，进行实验教学内容的删减、整合、优化和更新，创建各自独立开设的实验课。各门实验课的教学内容体系统一规范为基础实验、综合性应用实验和研究（设计）型实验。三个阶段的实验教学目标分别为"基础实验"是培养学生掌握实验科学的基本理论、基本知识、基本方法、基本技能和使其受到科学素质的基本训练；"综合性应用实验"是培养学生综合运用多门实验课的实验方法与技能，以及本实验课的基础实验的基本方法与技能，调查与评价养殖水域渔业资源或综合测定分析水产动物机能的正常及异常指标；"研究（设计）型实验"是使学生从不同学科的角度受到科学研究的初步训练。

《水产动物机能学实验》以动物生理机能为主线，进行分子、细胞组织、器官系统等三个水平的实验方法、实验技术和思维能力的训练与培养。《化学实验》是将无机化学、有机化学、分析化学和水化学等4门课的实验内容，通过整合、优化，创建为独立开设的化学实验课，其实验内容体系充分体现了水产养殖学专业培养目标对化学实验的基本理论、基本知识和基本技能的基本要求，也较好地反映了培养学生具有较高的化学实践能力和一定的科学素质等实验教学的改革目标。

《水生生物学（水产饵料生物学）实验》、《动物学实验》和《鱼类学实验》等生物学系列课实验教材的"基础实验"分别以无脊椎动物与脊椎动物、水产饵料生物、鱼类等的系统发生为线索，以常见种类和经济种类为代表，观察、测定、解剖其形态结构，鉴别种类，培养学生观察、解剖各种生物的形态和鉴别分类地位的基本方法和技能，熟悉常见和主要经济水产动植物，并掌握其主要生物学特点；"综合性应用实验"以养殖水域和盐水域渔业资源调查与合理利用为基本内容，采集、观察、测定水域生态系统及其微生态系统（潮间带或沿岸、浅海、筏笼、海底等）各类生物组成、密度和生物量及其与生态因子的关系，以及生物学特点，探索与评价水域渔业资源特点和利用前景，巩固所学知识与实验技能，学习和掌握新知识、新技术，培养分析、解决实际问题的综合能力和综合性生物科学素质；"研究（设计）型实验"的基本内容包括养殖水域和盐水域渔业资源调查与开发利用，水产饵料生物的生物学及其开发利用，主要水产经济动植物和敌害生物的生物学及其开发利用或防治措施，主要增养殖动物（含名优种类）可持续发育的容量研究等，培养学生独立思考、收集与处理信息、创新精神、实践能力和科研能力。

6部实践教学教材的出版，固化了大连水产学院水产养殖学专业实践教学改革成果，为进一步广泛提高社会效益以及深入教育教学改革奠定了坚实的基础。这些成果凝聚了项目组近百名同志的辛勤劳动，体现了他们解放思想、转变观念、勇于实践、大胆创新和与时俱进的综合素质，是坚定不移地、持续认真地贯彻执行党和国家的教育方针、《高等教育法》和高等教育教学改革系列精神的结果，是上级领导及其有关人员和大连水产学院领导及其有关管理人员的正确领导与大力支持的硕果。10余年来，通过系统深入地研究与广泛地实践，以及发表论文，参加与召开两岸水产教育交流会及全国性研讨会等多种途径，广泛宣传与交流了研究成果，直接受益学生千余人，间接受益者更多，取得了明显的社会效益；同时，在本项改革的研究与实践全程中，全面带动了大连水产学院生命科学与技术学院的学科建设和学术队伍建设。

多年来的教育教学改革实践，使我们深刻体会到学科（专业）的发展在于持续深化改革，改革的核心在于拼搏与创新，创新的源泉在于学习与实践。时代在前进，社会在发展，科学在进步，我们决心在党中央和国务院的正确领导下，发扬拼搏奉献、团结协作和艰苦奋斗精神，在祖国高等教育教学改革的新程中再创业绩。

“高等教育面向21世纪教学内容和课程体系改革计划”03-4-3项目
“新世纪高等教育教学改革工程”1292B0611项目

主持人　刘焕亮

2004年7月

前　言

动物学是水产养殖学专业（本科）的重要基础课程，具有其独立性和系统性。如何使动物学的教学和实践适应21世纪高校教学内容改革和综合素质人才培养的要求是我们面临的重要问题。为了全面贯彻中国教育改革发展纲要的精神，转变教育思想和更新教育观念，我们通过承担国家教育部《面向21世纪水产养殖学专业的教学内容与课程体系的改革研究》（03－4－3项目）和《水产养殖学专业（本科）实践教学创新体系的建立与实践》（1292B0611项目），在近6年动物学实践教学改革研究与实践工作基础上，编写了这本《动物学实验》。

本教材是根据面向21世纪水产养殖专业人才培养模式和课程体系改革的业务素质要求而编写的，目的是将传统的单纯依附和印证理论的实验课，构建成培养学生基本技能、动手能力和创新思维的独立课程。根据高等教育要坚持“教育要为社会主义现代化建设服务，为人民服务，与生产劳动和社会实践相结合，培养德智体美全面发展的社会主义建设者和接班人”、“培养具有创新精神和实践能力的高级专门人才”的精神，在创新动物学实验教学体系过程中，我们遵循教育教学规律、认知规律、继承与发展规律以及因材施教原则，根据专业培养目标和课程实践教学要求，有计划地培养学生的实践能力和科学素质；坚持循序渐进，由简单到复杂，由浅入深，由单一到综合，由基础到应用，由感性到理性的认识规律；贯彻一切从学生的实际出发，实事求是，注重个性发展的因材施教原则。按上述原则精神，我们对动物学的实践教学内容进行了整合、优化，统一规范实践教学内容，建立了三级教学目标和能力培养体系，即基本知识和技能的训练、基本知识和技能的综合应用以及研究能力的初步培养。与此相对应，将动物学实践教学分成两个阶段共三部分内容，即基础实验教学阶段和综合应用及分析研究阶段；后者又包括近岸水域底栖动物实习（应用）和有关底栖动物生态学的研究设计性实验两部分。

根据教育评价理论，这三级教学目标能力培养层次是密切相联系的：前一级目标是后一级目标的基础，后一级目标的学习结果必然包括前一级的学习结果。每一级教学目标中，不仅包括了基础知识、基本概念和基本技能的学习要求，而且包含了能力培养要求。例如，在基础实践教学环节，我们强调突出动物学课程的固有内容和教学方式，一共安排了13个实验，包括显微镜的使用、生物绘图方法、细胞形态结构，代表动物的形态、结构和内部解剖。实验动物既选择具有各门类代表的典型性，又是分布广、数量多的常见种类，并根据水产养殖专业的特点，选择了一些与水产养殖和渔业关系比较密切的资源种类、经济种类作为代表，如环节动物门的多毛类沙蚕，软体动物门的菲律宾蛤仔和乌贼，节肢动物门的对虾，棘皮动物门的海胆和爬行纲的鳖等。通过基础实验的训练，使学生能够以系统发生为线索，在了解动物界各大门类主要特征的基础上，充分理解动物体结构与功能上的辩证统一关系，熟识各门类代表动物的组织学特征；掌握其代表动物的生物学特征及重要纲、目的分类系统和分类依据；对各大类群的常见种类和经济种类具备识别与鉴别能力，初步掌握动物学研究的基本方法和实验技能。

由于底栖动物是海洋生态系统食物链中的重要环节，在物质循环和能量流动中具有重要作用。因此，我们在教学计划中，安排了1周近岸水域底栖动物实习作为动物学基本技能综合应用环节的主要内容。在教学内容上，注重正确处理传统内容与现代内容的关系。以往，无脊椎动物海滨实习一般都存在教学过程独立、环境单一、范围局限、动物种类偏少、实习内容陈旧（以标本采集和制作为主要内容）等问题，缺乏有关生物与非生物环境、养殖综合环境、动物数量统计方法和动物行为研究方法知识等内容。为了使实习的内容更广泛，更符合时代需要，提高学生的认知水平和认知层次，在这一阶段，我们对实习内容进行了拓展，即注重实践教学与科学研究和生产实践之间相联系、本门课程知识技能与其他课程之间相融合。实习环境包括潮间带环境、近岸养殖筏区环境和养殖筏区底质环境。在编写中，分别介绍了大型底栖动物、潮间带无脊椎动物和污损动物的生态调查方法。目的是使学生能够直接运用动物学基本知识和技能识别不同环境中主要代表种类；了解海岸环境特点和潮汐规律，掌握海滨动物的基本形态，初步了解其生活条件、分类地位、经济价值和分布区域；引导学生认识动物体与环境以及动物之间的相互的关系；并在初步掌握各种生态类型动物的采集、培养、麻醉、固定、保存和标本制作等一系列操作和应用技能的基础上，培养学生以生态学的观点为指导原则，初步建立科学研究方法的基本思路。通过定性和定量调查，理解多样性概念，并以此说明污损动物对养殖种类和养殖环境的影响；同时能够根据近岸水域筏式养殖海区的生态学过程，说明污损动物和底栖动物的生态作用和地位，并与水化学、水产饵料生物学、贝类学等相关学科的知识相结合，理解近岸水域养殖容纳量的概念和可持续发展的对策，最终提出综合评价报告。

研究设计性实验力图以基础实验的操作、技能和海滨实习应用为基础，将动物的形态结构、基础生理、行为、生态、分类等内容结合起来，建立一个既与理论课有一定互补作用，又具有相对独立性的科学、合理、实用性强的实验教学课程体系。实验包括底栖动物生理生态、种群生态以及生态系统方面的研究内容，精选重组验证性实验和综合性实验，扩展知识范围，确定适宜的操作难度，并提供了相关内容的主要参考文献。通过每一个实验，引导、指导学生独立设计实验，不仅使学生掌握一些生态学研究方法、近代数学生态学方法和生态统计技术，而且尽可能对生态学原理有所验证，以使学生把理论知识和实际操作更紧密地结合起来。总而言之，该阶段的实验教学，注重培养学生的处理数据、综合分析问题及独立工作能力，以全面提高学生的综合素质。

本教材第一章由曹善茂和周一兵编写，第二章和第三章由周一兵编写，部分插图由张蓉娇同学绘制。刘焕亮教授审阅了全部书稿，并提出宝贵意见；教材编写中得到杨大佐、宋端阳和张学辉同学的热情帮助，在此深表感谢。

本教材的编写是动物学实践教学改革的研究与实践工作研究的初步结果。限于编者水平，书中缺点在所难免，恳请各位同仁和读者批评指正。

编　者

2004年7月

动物学实验教学大纲

一、课程性质、地位和任务

《动物学实验》是水产养殖学专业学生必修的基础课程。它是一门与动物生命科学密切相关的综合性基础实验课。其内容丰富，包括动物的分类、形态结构、生理、行为、生态等内容。本课程分别为一年级、三年级和四年级学生提供了3个层次实验内容的菜单。

与改革前的实验教学相比，本课程将动物学实践教学分成2个阶段、3部分内容，即基础实验教学和综合性应用实践，后者又包括近岸水域底栖动物实习（应用）和有关底栖动物生态学的研究（设计）型实验（综合和分析）两部分内容，目的是将传统的单纯依附和印证理论的实验课，构建成培养学生基本技能、动手能力和创新思维的独立课程。在教学内容上，一是注意正确处理传统内容与现代内容的关系，如根据水产养殖学专业的特点，选择了一些与水产养殖和渔业关系比较密切的资源种类、经济种类作为代表动物；同时，增加了有关动物与非生物环境、养殖综合环境、动物数量统计方法和动物行为研究方法知识等内容。二是对传统实践教学内容进行了拓展，为了使实践教学的内容更广泛，更符合时代需要，提高学生的认知水平和认知层次，实践教学内容在安排上，注意了实验教学与科学研究和生产实践之间的联系、本门课程知识和技能与其他课程之间的融合，并增设综合性应用型和研究（设计）型实验内容，初步培养学生具有开展科学研究的思路和能力。

本门课程安排于《普通动物学》课程学习的同时和之后进行，使学生能够将理论与实践相结合。通过学习，不仅提高学生关于动物实验基本方法、实验动物选择和应用、实验设计思路及相关的研究能力，而且有助于动物学与水产养殖科学其他课程的知识和技能相融合，为学生进一步学习水产养殖科学中的其他专业基础课程和专业课奠定基础。

二、教学目标

1. 基础实验　培养学生观察、识别各类动物形态特征、分类鉴征的能力；

掌握动物解剖的基本方法和技能；熟悉常见动物和经济水产动物，并掌握其主要的生物学特点。

2. 综合性应用实验 以近岸养殖水域资源调查和合理利用、潮间带物种多样性为基本内容，通过采集、观察、鉴定各类动物的组成、密度和生物量，考察动物与环境因子之间的关系，了解它们的生物学特点，探索与评价近岸水域渔业资源及物种多样性的特点和可持续发展的前景，巩固所学知识与实验技能，培养解决问题的综合能力和综合素质。

3. 研究（设计）型实验 选择适宜的养殖动物、资源动物、环境指示动物等，在了解其生物学和生态学的基础上，根据水产养殖生态、资源生物利用、水域环境保护、生物修复等研究课题的需要，进行课题设计和实验，培养学生收集获取科研信息、文献综述、实验设计、论文撰写和独立思维的能力。

三、教学要求

1. 基础实验 以系统发生为线索，在了解动物界各大门类主要特征的基础上，掌握其代表种类的生物学特征及其重要纲、目的分类系统和分类鉴征；具有识别与鉴别各大类群的常见种类和经济种类的能力；熟练掌握显微镜的使用方法；初步掌握解剖动物的基本方法和技能；能够正确使用动物学实验中常用的工具和仪器，具备一定的实验操作技能。

2. 综合性应用实验 通过近岸水域实习，初步获得海洋底栖无脊椎动物的生活习性、形态结构等基础知识，认识近岸水域不同环境中主要代表种类；掌握海滨动物的基本形态，初步了解其生活条件、分类地位、动物体与环境的关系、经济价值和分布区域；初步掌握不同环境中动物的采集、培养、麻醉、固定、保存和标本制作等一系列操作和应用技能。

能够对采集的动物进行观察、记录整理和报告，了解海岸环境的特点和潮汐规律。

在鉴别种类和定量调查的基础上，了解多样性概念，并能够说明污损动物对养殖种类和养殖环境的影响；根据近岸水域（贝类筏式养殖海区）的生态学过程，说明污损动物和底栖动物的生态作用和地位。

与水化学、水产饵料生物学、鱼类学等相关学科的知识相结合，理解近岸水域养殖容纳量的概念和可持续发展的对策，提出综合评价报告。

3. 研究（设计）型实验 初步具有收集和利用中外文文献资料及其他信息的能力；初步学会动物科学探索的一般方法，发展实验指导所提出的问题，做出假设，制定可行性方案。

通过实验，掌握一些生态学研究方法、近代数学生态学方法和生态统计技术，并对相应的生态学原理有所验证，把理论知识和实际操作更紧密地结合起来。

通过对实验结果的综合分析，培养表达、交流和科学探究能力。

在科学探究中培养协作能力、实践能力和创新能力。

初步学会运用所学的知识分析和解决资源、环境、生态等实际问题，以此使学生的综合素质得到全面提高。

四、实验内容

（一）基础实验

基础实验教学共开设13个实验，其基本内容概述如下：

1. 显微镜的构造和使用 观察细胞的基本结构与形态，观察鱼血涂片和人口腔上皮细胞；了解光学显微镜的主要结构及其功能，掌握低倍镜和高倍镜使用方法，初步掌握生物绘图的基本技能，掌握临时制片方法。

2. 原生动物眼虫和草履虫的形态观察 观察眼虫和草履虫的外形和运动；绘出草履虫的结构，学会活体染色方法。

3. 腔肠动物水螅的切片观察 观察水螅体壁的构造，认清刺细胞的特点及构造；绘出水螅横切面图。

4. 扁形动物涡虫的组织切片和华枝睾吸虫装片观察 观察涡虫过咽的横切面、皮肤肌肉囊和咽壁的构造；观察华枝睾吸虫的外形和雌雄生殖系统。

5. 原腔动物人蛔虫和环节动物蚯蚓的组织切片观察和解剖 观察蛔虫的外形，观察其体壁、消化道、初生体腔和生殖腺的结构；掌握线形动物皮肤肌肉囊和初生体腔的特征。观察环毛蚓的横切面及体壁和次生体腔的结构。

6. 软体动物菲律宾蛤仔和乌贼的解剖 观察菲律宾蛤仔和乌贼的外形，解剖菲律宾蛤仔和乌贼，了解它们的内部结构。

7. 节肢动物对虾的形态解剖 观察对虾外形及其附肢的结构，解剖内部器官。

8. 棘皮动物海胆的形态解剖 观察海胆的外形，解剖海胆的内部器官，掌握海胆顶系、步带板、间步带板和亚氏提灯的结构。

9. 头索动物文昌鱼的形态观察 观察文昌鱼外形，掌握文昌鱼口笠和过咽横切的结构特征，区别背板与内柱。

10. 两栖动物蟾蜍的解剖和两栖纲分类 观察蟾蜍的外形，熟练解剖方法，观察内部器官，剥离并区别出颈动脉弓、体动脉弓和肺皮动脉弓。

11. 爬行动物鳖的形态和解剖 熟识鳖的外形和内部器官基本构造；掌握鳖的解剖技术。

12. 鸟类家鸽的骨骼及内部解剖 掌握鸟类骨骼适应飞翔生活的特征；解剖家鸽，观察家鸽的内部器官；并进一步熟悉解剖技能。

13. 哺乳动物小白鼠的解剖和兔的骨骼观察 通过对小白鼠内脏的解剖和观察，了解哺乳类有关系统、器官的主要特征；通过对兔骨骼的观察，了解哺乳动物骨骼系统的基本组成；认识总结哺乳类骨骼系统适应于陆生的进步性特征。

（二）综合性应用实验

1. 海岸环境特点和潮汐活动规律 海洋环境的划分，海水温度、盐度和营养物质，潮汐的概念及产生原因，大潮小潮和潮间带的划分。

2. 潮间带无脊椎动物生态调查 岩岸常见动物、沙岸及泥沙岸营埋栖生活的常见动物、沿岸营浮游生活的水母类和头足类的主要种类的形态结构、分类地位、生活习性、经济价值和分布地点。

3. 近岸养殖筏区污损动物生态和养殖筏区大型底栖动物调查 近岸海域污损动物等的形态特征、分类地位、生活习性、污损程度和分布。

4. 沿海无脊椎动物标本采集和处理 标本采集和处理以及资料整理的基本方法，以及对调查资料进行评价。

（三）研究（设计）型实验

（1）双壳贝类的代谢、同化效率及能量收支研究

（2）逻辑斯谛模型和动态模型在种群增长中的应用

（3）池塘生态系统能量流动的过程和系统分析

（4）温度对底栖端足类生长、发育的影响及其生物检测

五、教学方式

动物学实验教学过程中认真贯彻以学生为主体、教师为主导和因材施教等原则。3个教学阶段的教学方式分别为：

1. 基础实验阶段 要求学生课前预习指导书，教师讲授实验要点与注意事项，并做必要的示范操作；教师随时观察学生的实验过程，及时辅导解决疑难问题，详细掌握学生的行为表现。

2. 综合性应用实验阶段 以班级为单位，教师跟班全程指导，重点讲授与阶段性总结、研讨相结合，并根据实习内容进行必要的专题讲座，包括《不同生态类群无脊椎动物标本的采集和处理方法》、《多毛类的分类鉴征和鉴定方

法》、《端足类的分类鉴征和鉴定方法》、《底栖动物和附着动物在养殖海区生态过程中的作用和地位》等。

3. 研究（设计）型实验阶段 学生在教师的指导下，按学分要求自由选择题目，查阅文献，设计实验方案，实施研究过程，观察并记录数据，分析归纳实验结果，撰写报告。

六、考核方式

1. 基础实验的成绩 根据提问、实验操作技能、实验报告和实验操作等多方面综合考核，确定成绩。

2. 综合教学实习 根据学生在实习中的表现和课程实习报告评定成绩。

3. 研究（设计）型实验 根据学生的设计方案、操作技能、实验报告及综合表现等诸方面，综合评定成绩。

七、时间分配

1. 基础实验 26 学时。

2. 综合性应用实验 6d。

3. 研究（设计）型实验 60 学时。

目　录

第一章　基础实验指导

第一节　实验指导说明

一、实验必备物品

（1）动物学教科书，实验指导书，课堂笔记本。

（2）16 开实验报告纸。

（3）绘图用具：HB 和 2H 或 3H 绘图铅笔各 1 支，橡皮、直尺和铅笔刀等。

（4）解剖工具盒。

二、实验要求

（1）必须遵守实验室的有关规章制度。

（2）实验前应把本次实验的实验指导认真阅读一遍。

（3）按时进入实验室，准备好本次实验的所用物品。

（4）按时独立完成实验，及时交实验报告。

（5）轮流做好值日工作。

三、生物绘图注意事项

（1）应首先认真仔细观察标本，力求科学精确地绘制。

（2）纸面力求整洁，铅笔应经常保持尖锐。

（3）绘图时要注意各种比例关系：图与纸的比例关系，图内结构的比例关系，图与图的比例关系。一般一张纸绘一个图，也可绘几个图。

（4）绘图时，应先用软铅笔（HB）把图的轮廓及主要部位轻轻描出，然后添绘各部分的详细结构，最后用尖硬铅笔（2H 或 3H）以清晰的笔画绘出全图，注意点线不要重复描绘，阴影部分要用疏密不同的点表示出来。

（5）绘图纸上所有的字都必须用硬铅笔以正规的字体写出，不要潦草。引线一定要用尺，各引线不能交叉。标示要横写，最好在图的右侧排成一竖行，首尾对齐。图的内容应标在图的正下方，最后将本次实验的日期写在纸的正下方。

第二节 显微镜的构造及使用、生物绘图、细胞的形态结构观察

一、实验目的

了解显微镜的基本构造，初步掌握显微镜的使用方法；初步掌握生物绘图的方法；认识细胞的基本结构。

二、实验内容

（1）观察显微镜的各部分结构，理解其基本性能。

（2）通过字母片和鱼血涂片的观察，学习使用显微镜的方法。

（3）初步认识几种类型的显微镜。

（4）生物绘图。

（5）观察细胞的基本结构。

三、材料与用具

学生用显微镜、几种不同类型的显微镜。载玻片、盖玻片、字母片、50％酒精、鱼血涂片、洋葱、牙签、碘液、甲基蓝、剪刀、吸水纸等。

显微镜是观察研究细胞、组织以及原生动物等必需的仪器，由于显微镜的发展日新月异，而我国各高校教学实验室的设备水平不等，因此我们在此仍以简单的单筒目镜和双筒目镜复式显微镜为主，再辅以标准的实验室显微镜进行介绍。

四、操作方法及观察内容

（一）显微镜的基本结构和使用方法

必须按实验指导了解显微镜的各部分结构、性能及使用方法。切不可脱离实验指导，擅自扭动各部件，以免损坏仪器。

使用显微镜做一般观察主要是学会调光线、调焦点。做显微照相时，还必

须调中心（调聚光器中心）。

使用高倍镜时，一定要从低倍镜开始。用油镜时要从 40× 的物镜开始。将要观察的标本某部分移至视野正中央。在高倍镜下只能用细调焦器调焦点，不能用粗调焦器。要开大光阑。

1. 显微镜的基本结构　显微镜的中部有一弯曲的柄，称镜臂，基部为镜座。用右手握紧镜臂，将其自镜箱（或镜柜）中取出，左手托住镜座，保持镜体直立，轻放于桌上，观察各部分构造。

镜座上的短柱叫镜柱。镜座与镜柱之间有一倾斜关节（在较新的显微镜无此倾斜关节），可使显微镜在 90°角范围内随意倾斜成任何角度。

在镜臂基部有一个方形或圆形的平台，是载物台（或称镜台）。台的中央有一圆孔，可通过光线。两侧有压片夹，用以固定玻片标本。现代的显微镜具镜台 X－Y 驱动器，用以固定和移动玻片标本。在圆孔的下面，有由一片或数片透镜所组成的聚光器，有集聚光线于物体的作用。聚光器附有一组由金属片组成的可变光阑，其侧面伸出一杠杆，可前后移动使光阑开闭。光阑开大则光线较强，适于观察色深的物体；光阑缩小则光线较弱，适于观察透明（或无色）的物体。

在聚光器下方有反光镜，可将光线反射至聚光器。此镜一面平，一面凹。凹面具有较强的反光性，多用于光线较暗的情况，光线较强时用平面镜即可。内光源显微镜的光源位于镜座靠后方，在镜座右侧有光源按钮，此按钮可前后移动，使光阑开闭，用以调节光线的强弱。

在载物台的圆孔上方，有一附于镜柄上端的圆筒称为镜筒，其上下两端附有镜头。显微镜如具有抽筒，则在观察物体之前，一般应抽至 160mm 处。现代的显微镜一般有两个镜筒。两镜筒之间的距离，可按观察者双目的距离调节。

镜筒上端有接目镜（或称目镜），可从镜筒内抽出。接目镜有低倍和高倍之分。

在镜筒下端有可旋转的圆盘叫旋转器，下面附有 2～4 个接物镜（或称物镜）以螺旋旋入旋转器内。接物镜也有低倍和高倍之分。转动旋转器可换用接物镜。

在镜臂上有两组螺旋。大的叫粗调焦器，小的叫细调焦器。现代的显微镜粗、细调焦器常组合在一起，外围的螺旋为粗调焦器，中央细的为细调焦器。用调焦器调焦点。粗调焦器升降镜筒较快，用于低倍镜调焦；细调焦器升降镜筒较慢，用于高倍镜调焦。

接物镜有低倍和高倍之分。较短的是低倍，一般放大 10 倍（10×）；较长的是高倍，一般放大40倍（40×）、45倍（45×）或60倍（60×）。油物镜放大90倍（90×）或者100倍（100×）。接目镜也有高低倍之分，较长的是低倍，一般放大5倍（5×）或6倍（6×）；较短的是高倍，一般放大10倍（10×）、12倍（12×）或15倍（15×）。

显微镜的总放大倍数是接目镜的放大倍数与接物镜放大倍数的乘积。例如，使用5×接目镜与10×接物镜，则总放大倍数是50倍。使用10×接目镜与40倍接物镜，则总放大倍数是400倍。

2. *显微镜的使用方法* 使镜臂向着自己（现代显微镜使镜臂反向对着自己），摆好显微镜。转动粗调焦器，把镜筒向上提起。转动旋转器，使低倍接物镜对准载物台的圆孔。二者相距2cm左右，两眼对着双筒接目镜观察（如为单筒目镜，则两眼睁开，用左眼看）。打开可变光阑，用手转动反光镜，使它正对着光源，但不可对着直射的阳光。当视野（即从镜内看到的圆形部分）呈现一片均匀的白色时即可。如为内光源显微镜，打开光源按钮，向前向后移动按钮，调节光线的强弱至适宜强度，此为调光线。

取一拉丁字母装片放于载物台上，使字母正对中央圆孔。用压片夹（或X-Y驱动器）固定。转动粗调焦器，使镜筒下降至低倍接物镜距装片5mm左右为度。然后自目镜观察，同时转动粗调焦器，提升镜筒，至视野内的字母清晰为止，此为调焦点。再以可变光阑调节光线至适宜强度。一般现代显微镜由粗、细调焦器提高或降低镜台和镜台下聚光器。

注意视野内看到的字母，上下左右轻轻移动装片，物像的移动方向如何？思考一下原因。

低倍物镜观察毕可转高倍物镜。首先将要详细看的部分移到视野正中央，提升镜筒，转动旋转盘，换高倍物镜。从侧面观察下降镜筒，使高倍物镜几乎接触玻片（距离1mm左右）为止。再从目镜观察，转动细调焦器，提升镜筒，一般旋转半圈至一圈即可出现物像（要小心操作，切勿压破盖玻片或载玻片）。可将光阑开大，上下调节细调焦器，使物像达到最清晰为止。现代显微镜一般在低倍物镜下调好焦点后，可直接转换高倍物镜。注意在高倍物镜下，视野内的字母能看到多大部分？与低倍物镜所见比较一下。

使用高倍物镜时，一定先从低倍物镜开始（如上步骤）。准备详细观察的标本部分，要移到视野正中央。在高倍物镜下调焦点只能用细调焦器，不能用粗调焦器。光阑要开大。

由低倍物镜转高倍物镜需多练习几次，要初步掌握使用方法。

观察粉蝶鳞片：用毛笔在粉蝶的翅上刷几下，在载玻片中央涂一涂，即有一些粉状物附于载玻片上，此即鳞片。于其上加一滴50%酒精。用镊子另取一干净盖玻片，先使盖玻片一边接触酒精，再轻轻放下，勿使盖玻片与载玻片间留有气泡，或使酒精逸出过多（这是临时装片的做法）。做好装片后在低倍物镜下观察，再转高倍物镜观察。粉蝶鳞片是什么形状？

观察完毕后，必须先把接物镜头转开，然后取出玻片标本。每次实验完毕后，都要把高、低倍接物镜转向前方，不可使接物镜正对着聚光器，然后放回镜箱（或镜柜）内。

要注意经常保持显微镜的清洁。如金属部分有灰尘时，一定要用清洁的软布擦干净。如镜头有灰尘时，必须用特备的擦镜纸轻轻地擦去，切勿用手或其他布、纸等擦拭，以免损坏透镜。

3. **标准实验室显微镜** 标准实验室显微镜的结构有以下几部分：

（1）光源（light source，L）：可以为一低电压的灯泡或为一较复杂的光源。

（2）光源聚光器（lamp condenser，LC）：它将光源的像投射到孔径光阑的平面。

（3）场光阑（field diaphragm，FD）：光阑的大小可调节，光阑限制光线照射到物体的面积。

（4）镜台下聚光器（substage condenser，SC）：它将场光阑成像于物体平面。通常聚光器由两个调中心螺旋（centering screws，CS）调中心，由聚光顺旋钮（condenser knob，K）通过齿轨上下移动调节焦点。

（5）聚光器前透镜（front lens of the condenser，FL）：为邻近物体的透镜，用透镜旋钮（lens knob，LK）能将FL移出光路。在聚光器上可附有滤光器支架（filter carriers，FC）。

（6）镜台下光阑（或孔径光阑，substage diaphragm or aperture diaphragm，AD）：形成镜台下聚光器的入射光瞳（entrance pupil），并限制其数值孔径。用光阑杆（diaphragm lever，DL）调节该光阑的大小。缩小光阑可增加景深（depth of field），减小球面像差（spherical aberration），并产生进一步条纹（interference fringes）增加反差，降低最后像的细节的可见度。

（7）油浸聚光器（oil immersion condenser）：其上有OIL或OEL字样，它比干聚光器有较高的数值孔径。用时在前透镜和物体之间需加一层具一定折射率的油。

（8）镜台（stage，ST）：转动镜台驱动器（stage drives，SD）旋钮可使镜台在X-Y方向移动。

（9）粗、细调焦器（coarse and fine focusing knobs，FK）：大部分现代显微镜由粗、细调焦器提高和降低整个镜台-镜台下聚光器。在较老的显微镜，由粗、细调焦器调节镜筒使其提高与降低。

(10) 接物镜 (objective lenses, OL): 或称物镜。它们投射物体放大的像到位于目镜中的中间像平面 (intermediate image plane)。3 个或更多的物镜可装在一个能旋转的转换器上。物镜不同程度地校正了透镜的像差。消色差 (achromats) 是校正两种颜色,通常是蓝和红。复消色差 (apochromats) 是完全校正 3 种色 (蓝、绿、红)。Plano 物镜和相似标志的透镜是校正视场的曲率 (curvature) 失真。这些特别适用于照相。在接物镜镜筒上常见有 PL25/0.50 字样。"PL" 表明这种透镜是特别校正的,产生平场 (flat field)。这样高度校正的物镜必须与标示的补偿目镜合用,才能获得完全校正的效果。"25" 表示中间像的放大,"0.50" 表示数值孔径 (numerical aperture, NA)。干透镜的 NA 小于 1 (在干透镜和标本之间有空气分开),在油浸透镜能达到 1.4。油浸透镜 (oil immersion lenses) 或称油物镜,在其镜筒上有 OIL 或 OEL 字样。使用时,在前透镜和标本之间必须加一层具一定折射率的液体油,否则就干扰其校正并减低其 NA。浸油与组织学制片所用的盖片有相似的折射率。光线经物体通过相近折射率的介质到达物镜。用油物镜时,盖玻片与前透镜之间的工作距离最短。如果盖片太厚则不能调焦点,现代高级物镜装有弹簧,物镜与盖片接触可不致损坏。

(11) 接目镜 (ocular 或 eyepiece, O): 或称目镜。它的作用是作为一个由物镜所产生的中间像的放大器。前透镜是主要的放大部件。向场透镜 (field lens) 能使更多的光线进入目镜。光阑位于前透镜的焦平面,是物镜形成中间像的位置。出射光瞳或目点 (exit pupil or eye point) 是离开目镜的光锥最窄的部分。正确的位置,观察者的瞳孔与目点重合一致。高目点 (higheye point) 目镜,戴眼镜者可戴眼镜进行观察。在高度校正的显微镜,目镜必须与特定的物镜配合使用以达到所要求的校正效果。

标准实验室显微镜的使用方法:作为一般观察与上述的使用方法基本相同。在条件较好的实验室,学生可根据上述显微镜使用方法,结合标准实验室显微镜的结构说明,自己操作使用。如果需要观察细胞组织的某些微细结构,可使用油物镜进一步放大观察。

油物镜的使用:首先在高倍干物镜 (40×) 下调准焦点,将要观察的标本某部分移至视野的正中心。然后,转动旋转器移开物镜,在盖片上视野中央的位置加一滴镜头油 (具一定折射率的),再将油物镜移至该处,使前透镜与油滴接触。开大光阑,即可看到物像,上下稍动细调焦器则可看到清晰的物像。用后,将油物镜移至旁边,将最低倍物镜移至玻片标本上方,不宜将高倍物镜 (40×) 放在此处,以免玷污透镜。然后,用擦镜头纸沾镜头清洗液轻轻擦拭透镜。不宜用二甲苯或相似溶剂擦拭，以免损坏透镜中的胶合剂。

（二）生物绘图的基本技术要求

1. 绘图用具　HB 及 2H 或 3H 绘图铅笔各 1 支，软橡皮、尺、铅笔刀等。

2. 绘图目的　动物学实验在动物教学中是一个必不可少的部分。动物学实验与课堂教学有相辅相成的一面，也有它独特的一面。通过实验，才能证实、巩固和提高课堂中所学习到的理论知识。实验必须先学会操作方法，这就是技术操作。通过一系列的实验，就能逐渐学会和掌握这些技术操作，这是一个很重要的方面。关于动物科学方面技术操作的种类和范围是很多很广的。首先谈谈动物学的绘图。

3. 动物学绘图基本技术要求

（1）生物绘图主要技法：

① 线：

I. 生物绘图对线条的要求

i. 线条要均匀，不可时粗时细。

ii. 线条边缘圆润而光滑，不可毛糙不整。

iii. 行笔要流畅，不能中间停顿凝滞。

II. 常用线条类型

i. 长线：指连贯的线条，主要表现物体的外形轮廓、脉纹、褶皱等部位。长线的操作要点：

a. 在图纸下面垫一塑料板或玻璃台板，使纸面平整，以免造成线条中途停顿或不匀，影响长线连续光滑的效果。

b. 用力均匀，能够一笔绘成的线条，力求一气呵成，防止线条停顿不匀。

c. 调整图纸角度使运笔时能顺着手势，并由左下角向右上方做较大幅度的运动，这样可顺利地绘成较长的线条。

d. 如果是多段线条连续完成的长线条，需防止衔接处错位或首尾衔接粗细不匀，可执笔先稍离开纸面，顺着原来线段末端的方向，以接线的动作，空笔试接几次，待手势动作有了把握后，再把线段接上。

ii. 短线：指线段短促的线条，主要用于表现细部特征，如网状的脉纹、鳞片、细胞壁、纤毛等。短线虽较容易掌握，但往往会造成画面杂乱的局面。下笔应用力均匀地从头移到尾再挪开笔尖。

iii. 曲线：指运笔时随着物体的转折方向多变、弯曲不直的线条。用于勾画物体的形态轮廓、内部构造、区分各部分的界线，以及表现毛发、脉纹、鳞甲等。描绘曲线比较自由，它可以根据各种对象的不同形态作相应的变换。画曲线应遵从以下 3 条原则：

a. 变而不乱。在运用曲线表示结构时，应注意线条数要适宜，不可信手勾画，造成画面凌乱不堪的效果。

b. 曲而得体。以弯曲的线条描绘物体，要按照所观察对象的结构，使每条线的弯曲和运笔方向准确无误。弯曲的弯度不当，不仅使画面形象失真，还可能导致科学性的错误。

c. 粗中有细。生物绘图中的用线，一般要求均匀一致，但根据物体结构的要求也有例外。例如，表现毛发、皱纹等就需根据自然形态，自基部向尖端逐渐细小，这样就可避免用线生硬呆板，使物体描绘更加逼真。

② 点：生物绘图中，点主要用来衬托阴影，以表现细腻、光滑、柔软、肥厚、肉质和半透明等物质特点，有时也用来表现色块和斑纹。

I. 生物绘图对点的要求

i. 点形圆滑光洁。指每个小点必须成圆形，周边界线清晰，边缘不毛糙，切忌“钉头鼠尾”或边缘过于凸凹的点子出现。这就要求使用的铅笔芯尖而圆滑，打点时必须垂直上下，不可倾斜打点。

ii. 排列匀称协调。画阴影时，由明部到暗部要逐渐过渡，即点子是由全无到稀疏再到浓密地进行布点，每一个点子也不能重叠。

iii. 大小疏密适宜。点的分布不可盲目地一处浓，一处稀，或有堆积现象。暗处和明处的点子可适当有大小变化，但又不能明显地相差太多，更不可以在同一明暗阶层中夹入粗细差别过大的点子。

II. 常用点的类型

i. 粗密点。点粗大且密集，主要用来表现背光、凹陷或色彩浓重的部位，并且一般粗点是伴随紧密的排列而出现的。

ii. 细疏点。点细小且稀疏，主要用来表现受光面或色彩淡的部分。

iii. 连续点。点与点之间按照一定的方向、均匀地连接成线即为连续点，主要用来显示物体的轮廓和各部分之间的边界线。

iv. 自由点。即点与点之间的排列没有一定的格式和纹样，操作比较自由。这种点适宜表现明暗渐次转变成具有花纹、斑点的各种物体。

(2) 生物绘图一般程序：

① 起稿：

i. 观察：绘图前，需对被画的对象（如动、植物的各个组织、器官以及外型等）做细心的观察，对其外部形态、内部结构和其各部分的位置关系、比例、附属物等特征有完整的感性认识。同时要把正常的结构与偶然的、人为的“结构”区分开，并选择有代表性的典型部位起稿。

ⅱ. 起稿：起稿就是构图、勾画轮廓。一般用软铅笔（HB）将所观察对象的整体及主要部分轻轻描绘在绘图纸上。此时要注意图形的放大倍数和在纸上的布局要合理，留出名称、图注等位置。

起稿时落笔要轻，线条要简洁，尽可能少改不擦。画好后，要再与所观察的事物对照，检查是否有遗漏或错误。

② 定稿：对起稿的草图进行全面的检核和审定，经修正或补充后便可定稿，一般用硬铅笔（2H 或 3H）以清晰的笔画将草图描画出来。定稿后可用橡皮将草图轻轻擦去，然后将图的各个结构部位做简明图注。图解注字一般用楷书横写，并且注字最好在图的右侧或两侧成竖行，上下尽可能对齐。图题一般在图的下面中央，实验题目在绘图纸上部中央，在纸右上角注明姓名、学号、日期等。

（三）细胞的形态和结构观察

1. 实验要求

（1）观察动植物细胞并掌握它们的主要结构。

（2）了解动植物细胞结构的统一性和差异性。

（3）掌握临时制片的方法；进一步掌握显微镜的使用方法。

2. 实验材料　洋葱鳞叶表皮细胞临时制片；人颊上皮细胞临时制片。

3. 观察与操作

（1）新鲜材料必须做成临时剖片，才能进行观察，制备临时制片的方法如下：

① 取一盖玻片和载玻片，分别用纱布揩拭干净。揩拭方法：用左手的拇指和食指拿住载玻片的两端，用右手拇指和食指将玻片夹在纱布中间，这样使玻片上下两层都有一层布，然后拇指和食指对齐同时在玻片两面前后移动，随擦随看，直至玻片没有任何痕迹，十分干净为止，盖玻片很薄，在揩拭时，拇指和食指用力要轻，动作要均匀，否则盖玻片易破裂。

② 用吸管滴一滴清水在载玻片中央，再把要观察的材料放在水滴上，如果材料呈膜状，放在水面上时易有皱褶，应用解剖针轻轻地展开，如果材料是液体就不必先滴水。

③ 用尖镊子把盖玻片的一角夹住，或用拇指和食指轻轻拿住盖玻片的一边，先使盖玻片的另一边与盖玻片的水滴接触并与载玻片成45°角，然后慢慢放在显微镜下观察。

注意：初做时，常常在盖玻片下有气泡，影响观察。这是因为滴在载玻片上的水滴太小，或是玻片没有擦干净的缘故。如果水滴太大则水溢出盖玻片的外面，溢出的水过多亦会妨碍观察，甚至损害显微镜。遇见这种情况都必须重做。

(2) 洋葱鳞叶表皮细胞的观察：取洋葱肉质鳞片，用镊子撕下内侧的透明薄膜一小块，用剪刀将膜剪成 8mm×4mm 大小的小片，按上述方法做成临时制片，并在低倍镜下观察。可以看到洋葱鳞叶表皮是由许多长方形的细胞组成，细胞内有一个呈圆形的细胞核，为了更清楚地观察细胞的结构，可在低倍镜下选择较清楚的几个细胞，移动载玻片使之位于低倍镜视野中心，再转过高倍镜来观察。可见每个细胞都具有一层较厚的膜。有时呈双层轮廓，它是由纤维素组成的，称为细胞壁，是细胞重要特征之一。细胞核呈圆形或椭圆形，位长形细胞的中央或接近边缘，在核内可见 1～3 个折光性强的颗粒，称为核仁。在细胞壁和细胞核之间为半透明的细胞质。

上述结构观察完后，进行染色，用吸管吸一滴碘液，滴于盖玻片的一侧边缘，染液即可扩散开来而将细胞染上色，如果染液扩散不均，可在盖玻片的另一侧放一块吸水纸，染液即可迅速扩散开来。观察染色后细胞各部分呈何种染色？其结构较未染色时是否更易观察清楚？

(3) 人颊上皮细胞的观察：取清洁的牙签，用它的钝端向自己口腔中腮的内面，轻轻刮取上皮及黏液少许，然后把刮下物浸到载玻片的水滴中，轻轻搅动，表皮细胞和黏液掺入水中，盖上盖玻片在低倍镜下观察(光线不必太高)。可见有呈不规则多角形的单个或重叠相接在一起的细胞，此为上皮细胞。如果轮廓不清，可用吸管吸一滴甲基绿，轻轻滴于盖玻片的一侧，染液即可扩散开来而将细胞染上色。在低倍镜下看到细胞后，再换高倍镜观察，可见细胞中央有卵圆形染色较深的细胞核，周围有一层很薄的细胞膜，膜内是均匀的细胞质。如果染色适当，在细胞核中可以看到深蓝色的核仁。

五、作　业

绘制洋葱表皮细胞和人颊上皮细胞图，并注明各部分名称。

第三节　原生动物门—— 眼虫、草履虫

一、实验目的

通过实验，了解原生动物门（Protozoa）动物的形态构造，进一步掌握本门动物各纲的特征。

二、材料与用具

显微镜、载玻片、吸水纸、吸管、碘液。

三、操作方法与观察内容

(一) 观察眼虫（*Euglena*）

在擦净的载玻片上滴放眼虫培养液一滴，加上盖玻片。放在低倍镜下，细心观察眼虫的外形和运动。如载玻片上水太多，而眼虫运动很快时，用吸水纸吸掉一些水。选择一体形比较大的眼虫，细心观察其内部构造。

1. 外形　体狭长，略呈纺锤形，前端较钝后端较尖。

2. 表膜　为身体外表柔软而具弹性的薄膜，使身体维持一定的形状。膜上有平行的斜纹。

3. 细胞质　眼虫的细胞质分为外质和内质两部分。

4. 胞口　即身体前端的凹陷。

5. 储蓄泡　连在胞咽下方，透明而呈圆形的空泡。

6. 眼点　在胞咽旁边近储蓄泡处的红色小点，含有感光的色素粒。

7. 伸缩泡　是储蓄泡附近的一个空泡，其周围有几个小型的收集泡。伸缩泡能作周期性收缩，起排除代谢废物、多余水分和维持渗透压的作用。

8. 叶绿体　绿色圆形、椭圆形或带状，其中央的透明部分即为蛋白核。

9. 细胞核　为一透明的泡状物，在新鲜的标本中不易看清。如加少许碘液染色后极为清晰，加碘时，需在看好以上各类器官以后再加。因加碘液后，眼虫即被杀死，其他器官即看不清楚。加碘液的方法是在盖玻片上的一侧滴一滴碘液，在其相对一侧用吸水纸吸水则碘液向相对一侧渗透，核在身体中央而稍近后端的部位。核膜清楚可见。

10. 鞭毛　位于身体的前端，由储蓄泡的后壁发出，经胞口伸出体外。

(二) 观察草履虫（*Paramecium caudatum* Ehrenberg）

1. 方法　滴放草履虫培养液于载玻片上，可见水中有极细小的白色小点活动，即为草履虫。放上几根棉丝，盖上盖玻片，先在低倍镜下观察草履虫的外形、活动情况及路径。观察时如草履虫运动得太快，可用吸水纸吸出一些水分，使之略干，则可减少移动，此时可换高倍镜观察。

2. 形状与运动　草履虫的体形如倒置的草鞋底，前端较圆钝，后端宽而稍大。草履虫是运用它身体表面的纤毛运动的，通常是绕身体的纵轴以逆时针方向转动，又因口槽处的纤毛颤动快，因而水流很急，推使身体向一侧转动，所以呈螺旋形前进。

3. 内部构造

(1) 纤毛：为遍布于体表的小毛（视野暗一些来观察），身体后部的比较长，是草履虫的行动胞器。

(2) 胞口与胞咽：在身体前端斜向中间凹入的一小沟，为口沟，口沟的末端即为胞口（是食物的进口处），再向身体内部延伸成细长的胞咽。

(3) 伸缩泡：共2个，分别存在于身体两端。四周有辐射状收集管6～10个。注意收集管与伸缩泡交替出现与消失。

(4) 食物泡：由于口沟处纤毛颤动，食物随水流而入胞口经胞咽入细胞内质中，形成食物泡。加一滴墨水于玻片上，仔细观察，可见食物泡的形成过程。食物泡形成后，在细胞质中循一定途径移动，逐渐被消化，在身体中未完全消化的东西则由胞肛排出体外。

(5) 细胞核：核在靠近胞咽的地方，可分为大核及小核，大核呈肾形，小核为圆形，极小，通常新鲜标本不易看到。在玻片上滴加一滴碘液后草履虫被杀死，就可看到细胞核，小核不易见到。

四、作　业

绘绿眼虫或草履虫图。

第四节　腔肠动物门——水螅

一、实验目的

通过水螅切片的观察，了解腔肠动物门（Coelenterata）动物的主要特征。

二、材料与用具

显微镜、擦镜纸、水螅横切面切片、示教标本薮枝螅。

三、操作方法与观察内容

取水螅（*Hydra*）的横切面制片（纵切面亦可）放在显微镜下观察其内

部构造。主要这是观察其体壁的构造：

1. 外胚层　细胞多是立方形的，具有保护及感觉的功能。其中含有以下几种细胞：

（1）外皮肌细胞：为外胚层中形状最大的细胞。

（2）间细胞：在上皮肌肉细胞之间，较上皮细胞小，有分化为其他细胞的功能。

（3）刺细胞：由间细胞变来，有一细胞核，细胞内大部分区域为刺丝囊所占据。

2. 内胚层　约占体壁 2/3 的厚度，有消化及感觉的功能。其中含有以下细胞：

（1）内皮肌细胞：大而呈长锥形，细胞内空泡很多，顶端能伸出伪足，有摄食鞭毛。鞭毛的作用是促使消化循环腔内水流的循环，伪足可以摄取消循腔中的有机颗粒。

（2）腺细胞：较内皮肌细胞小，在细胞内含有分泌物质的颗粒。

（3）中胶层：在内外两胚层之间，为一层极薄的胶状物质。其中没有细胞。

四、示教标本

1. 水螅纲（Hydrozoa）

（1）筒螅（*Tubularia mesembryanthemum*）：群体非多态。

（2）薮枝螅（*Obella geniculata*）：群体多态，具螅根、螅茎；具水螅体和生殖体。

2. 钵水母纲（Scyphozoa）

（1）海月水母（*Aurelia aurita* Lamarck）。

（2）海蜇（*Rhopilema esculentum*）。

3. 珊瑚纲（Anthozoa）

（1）海葵（*Haliplanella luciae*）。

（2）海仙人掌（*Cavernularia habereri*）。

（3）笙珊瑚和柳珊瑚。

五、作　业

绘水螅横切面图，并注明各部名称。

第五节 扁形动物门——涡虫、华枝睾吸虫

一、实验目的

通过实验，了解扁形动物门（Platyhelminthes）动物的主要特征。

二、材料与用具

显微镜、擦镜纸、涡虫过咽的横切面制片、华枝睾吸虫整体封片。

三、操作方法与观察内容

(一) 涡虫（*Dugesia*）

先在低倍镜下选其典型制片观察涡虫过咽横切面的全貌，然后换高倍镜观察。涡虫的体壁由外胚层、中胚层、内胚层组成。下面从外向内描述其结构（图 1-5-1）：

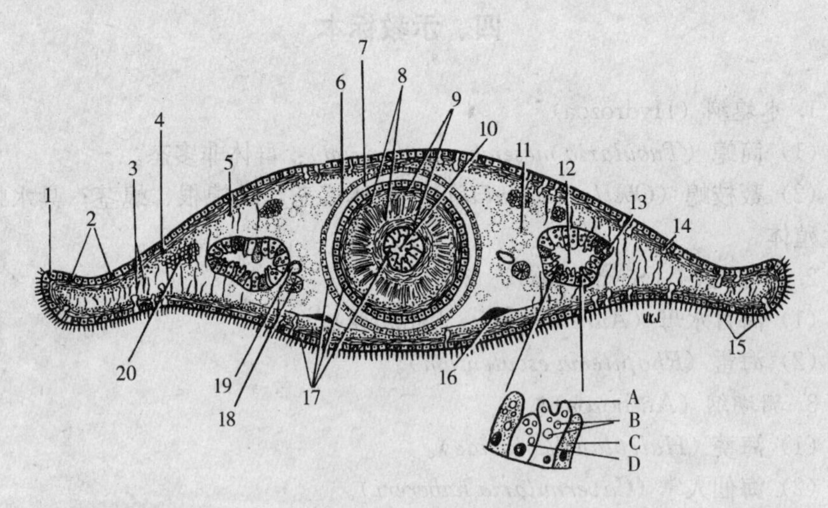

图 1-5-1 涡虫过咽区横切面示意图（仿 Hickman）

1. 表皮 2. 杆状体 3. 背腹肌 4. 环肌层 5. 纵肌层 6. 咽鞘 7. 咽腔 8. 纵肌 9. 环肌 10. 咽 11. 实质组织 12. 肠 13. 肠的柱状上皮 14. 腺细胞 15. 纤毛 16. 神经索 17. 表皮 18. 输卵管 19. 排泄管 20. 性腺

A. 食物杯 B. 食物泡 C. 颗粒贮藏细胞 D. 腺细胞

1. 表皮 位于最外层，由起源于外胚层的上皮细胞构成。细胞很小，排列紧密而整齐，被染成橙红色。在上皮细胞的表面上有一层很短而整齐的纤毛，以帮助涡虫运动（但纤毛在制片过程中常脱落或有剥离现象）。

2. 肌肉组织及柔软组织 表皮以内有肌肉组织及柔软组织，均由中胚层发展变化而成。仔细观察，环肌紧靠表皮下面环行，纵肌在环肌之内，在横切面上，呈小点状，很少，不易观察，在体内尚有连接背腹面的背腹肌等。柔软组织充满于体内各器官之间，细胞为不规则的多角形，被染成蓝紫色，排列也很疏松。

3. 肠上皮 注意观察在涡虫横切面之中部有较大而呈环形之结构，在咽的两侧。涡虫的肠壁由单层的肠上皮细胞组成，是由内胚层变来。

(二) 华枝睾吸虫（*Clonorchis sinensis*）

1. 外部形态 取华枝睾吸虫整体制片放在显微镜下或放大镜下先观察其外形。

(1) 体形：身体扁平，前半部稍狭窄，后端较圆钝。

(2) 口吸盘：在身体前端，圆形，中央凹陷成杯状，口开于此。

(3) 腹吸盘：为身体前部腹面染色较深的圆盘状物，有固着身体的作用。

(4) 排泄孔：为身体后端的开口。

2. 内部结构 将华枝睾吸虫整体制片置于低倍镜下，逐步观察以下系统：

(1) 消化系统：

① 口：在口吸盘之中央，颜色较淡处。

② 咽头：为口后端短而较膨大的管。

③ 食道：食道下分成两管，经身体两侧而至后部管无开口，故无肛门。

(2) 生殖系统：为雌雄同体。

雄性生殖系统包括：

① 精巢：约在身体后部 1/3 处有 2 个，前后排列，各具很多分枝。

② 输精管：有 2 条，为细长管，分别由 2 个精巢通出在虫体的中央部汇合成输精总管。

③ 贮精囊：在身体中部中线处，由两输精管前行合并而成的膨大弯曲的管。

④ 雄性生殖孔：在腹吸盘前面。

雌性生殖系统包括：

① 卵巢：由三叶组成，在制片上染色较深，位于精巢之前，体中线处。

② 受精囊：在两精巢的前方，为椭圆形囊，是储藏所接受的精子以备与卵受精之用。有通道与卵巢相通。

③ 输卵管：由卵巢通出之管。

④ 成卵腔（卵模）：输卵管前行通向子宫之部分，受精卵在此获得卵黄，并生成卵壳。

⑤ 子宫：是从成卵腔向前行的通迴弯曲之管，卵在成卵腔成熟之后即入子宫中储存。子宫前行最后开口于腹吸盘前方雌性生殖孔的旁侧。

⑥ 卵黄腺：在身体两侧肠的外缘，为一簇一簇的单细胞腺体，在腹吸盘与卵巢之间，两腺体各有一条由许多小管合成之卵黄腺管，此管至卵巢处横行汇合成一个总管进入成卵腔。

⑦ 劳氏管（Laurer's canal）：为阴道退化痕迹，通受精囊一旁的细管，开口于虫体背面。

（3）排泄系统：

① 排泄管：为身体两侧 2 条纵列之管，在卵黄腺与肠之间。

② 膀胱：为虫体后部中线外稍转曲的管，其前端连接左右两排泄管，后行开口于虫体后端，即为排泄孔。

四、示教标本

（1）布氏姜片虫（*Fasciolopsis buski*）。

（2）猪带绦虫（*Taenia solium*）（囊蚴、节片）。

五、作　业

绘涡虫过咽的横切面图或华枝睾吸虫图，并注明各部名称。

第六节　原腔动物门——人蛔虫和环节动物门——环毛蚓、沙蚕

一、实验目的

通过对人蛔虫、环毛蚓、沙蚕的解剖及观察，了解原腔动物门（Protocoelomata）和环节动物门（Annelida）的重要特征。

二、材料与工具

显微镜、放大镜、剪、镊、解剖盘。

人蛔虫整体浸置标本，雄性或雌性横切面制片标本；环毛蚓的横切面制片标本；浸制的沙蚕整体材料。

示教标本：铁线虫、雌雄蛔虫、金钱蛭、蚯蚓解剖标本。

三、操作方法与观察内容

（一）人蛔虫（*Ascaris lumbricoides*）

1. 外部形态　取雌雄人蛔虫整体标本各一条，放在盛有清水的解剖盘内，用放大镜检观察。

（1）体形：身体细长而圆，角质膜外有细小皱纹。两端较细，雄虫尾部弯曲，雌虫大，雄虫较小。

（2）口：在体之前端，略呈三角形，口旁有三片口唇，在背面正中有较大的背唇，在腹面两侧有两个较小的腹唇，唇的两侧各有小乳状突起。

（3）肛门：位于尾部腹面，为一横的裂缝。

（4）生殖孔：雌生殖孔位于腹面距前端 1/3 处，雄性生殖孔不直接开口于体外，但有两个交接刺由肛门伸出体外。

（5）体线：共有 4 条下皮组织特别加厚的纵线，自前端至后端，两侧较粗而明显者为侧线（2 条），背腹正中央各有一条纵线为背线及腹线。

2. 内部解剖　观察完外部形态后，用小剪尖端，沿侧线小心剪开中段，然后剪向前端及后端，不要伤及内部器官，并用大头针展开体壁，斜钉在蜡盘上，观察内部构造。

（1）消化系统：是一条直的管子，大部分是由薄壁的肠所构成的，前端为口，稍膨大为口腔，咽道为三角形，由有肌肉的厚壁构成。占消化系统最大部分为肠，可分中肠及中肠后短而细的后肠，后肠开口于腹面的肛门（雄虫后肠并非直接通到肛门，而通至共泄腔）。

（2）生殖系统：

雌性生殖系统包括：

① 卵巢：2 根盘曲小管，位于身体的后半部，如一团线状，下接 2 根输卵管。

② 子宫：接于输卵管较粗的 2 根管。

③ 阴道：由两子宫联合而成之短管，开口于雌性生殖孔。

雄性生殖系统包括：

① 精巢：一根弯曲的小管，位于体后 1/3 处。

② 输精管：连接精巢至下接贮精囊。

③ 贮精囊：较粗的管，连接于输精管之后。

④ 射精管：一极小的细管连接贮精囊通至泄殖腔。

3. 人蛔虫的横切面　取雌雄人蛔虫横切面制片标本各一，用低倍镜观察。

（1）体壁的结构：体壁最外有一层角质层（膜），是一层光滑透明的非细胞组织。在角质的内侧有表皮细胞层（下皮层），其细胞膜不明显，而成为具有许多细胞核的一层原生质（故又称融合表皮层）。在表皮层的内侧有纵行排列的肌肉层，此层的肌肉组织分为两部分，外部称收缩部，内部是原生质部，由背、腹、侧 4 条纵线把它们分成 4 个区。在背线中有背神经索，在腹线中有腹神经索，在两侧线中各有排泄管一条。

（2）肠：中部较宽呈扁形的管，由一层细胞组成。

（3）假体腔：是体壁和消化管之间的空腔。

（4）生殖腺：在雄虫切片中，可见储精囊及精巢，前者只有一个，直径较大，后者较小，数目较多；在雌虫切片中，可见卵巢、输卵管、子宫。子宫为两个较大的管，卵巢较小，数目较多。

（二）环毛蚓（*Pheretima*）、**沙蚕**（*Nereis*）

1. 环毛蚓（*Pheretima*）

（1）解剖方法：

① 用左手食指和中指夹着标本的前段，以大拇指及其余两手指拿着标本的中段，以小剪刀从标本的 1/3 的前段背面中线略偏一点向前，注意剪刀要贴着体壁，否则会将内部器官剪坏。

② 用大头针两支，从第一节两侧插下，将标本固定在蜡盘中。用解剖刀沿体壁内缘将隔膜分离，注意第 7、8、9 节两侧有两对囊状的受精囊，及其侧旁的管状的盲管，不要将它割掉，在第 17～20 节内两侧各有一个乳白色的前列腺，此处要从肠壁与前列腺之间割去隔膜，使前列腺附于体壁上。每在逢 5 及 10 的环节两侧以大头针对称地将体壁固定在蜡盘上，使体壁张开。蜡盘中加水使浸过标本为止。在 11～13 节处消化道的上面乳白色的构造为生殖器官，将它与消化道游离，用 2 个大头针分别将它压在两侧使其贴近体壁。此时可观察消化、循环系统各部分。将消化管全部与体壁游离，可观察生殖系统和神经系统。

（2）内部构造：

① 消化系统：环毛蚓的消化道由前端的口至后端的肛门，是一条纵管。整条消化道在体腔中，纵贯了每节的隔膜，在第 1～4 体节间无隔膜，而有许多肌肉使它与体壁相连。在第 8～10 体节间的砂囊处，亦如是。消化道由前而后可分为：口，位于围口节中央；口腔，位于第 1 节和第 2 节的一部分处；咽

是突于肌肉的部分，位于第2～5节；食道略弯曲，位于第6～7节；嗉囊是膨大的部分，位于第8节中；砂囊是富于肌肉的球状的构造，位于第9～10节；小肠稍狭小，小肠之后就是大肠，在第26节处，肠两侧向外突出成一对盲囊，斜向前方，末端尖细，长3～6节。消化管最后开口于体后端之肛门。

② 排泄器官：排泄器官为后肾管。肾管小，数目甚多，排泄孔通肠或直接通体外，可分3种：咽肾管：只分布在体前段第2～3个隔膜上，甚大，成束，开口于咽；体壁肾管：甚小，数目多，散布在体壁内侧，在环带部分特别多，每一肾管是独立的，开口于体外；隔膜肾管：大小介乎咽肾管和体壁肾管之间，在环带第2节之后的各体节隔膜的两面均有，是典型的后肾管形状。

③ 循环系统：环毛蚓的循环系统是闭管式的。背血管1条，纵贯在消化道的背方。腹血管第1条纵贯在消化道腹面与神经链之间。神经下血管1条，位于神经链的腹方，此血管较小，从第14节起它分为两支，沿食管向前，叫侧食道血管。动脉弧8对，其中第5、6个体节的从背血管通咽壁；第7及10节的前一对从背血管通至腹血管；于第10体节的后一对与第11、第12及13节中的，从肠上血管与腹血管相连。此外，第14节起每节有一对环血管，在隔膜上连通背血管与神经下血管。

④ 神经系统：脑由1对神经节合成，两条围咽神经绕咽两侧至咽下接于咽下神经节。此后，有1对神经索向后行，每个体节有1对略膨大的神经节，左右2个神经索及神经节都合并为一，整条腹神经成1条神经链的形成。由脑发出的神经通咽、口腔及口前叶，此外每一神经节都有神经通隔膜及体壁。

⑤ 生殖系统：雌雄同体。雄性生殖系统包括2对贮精囊，附着在第11～12体节的腹面，由两侧向上包围着消化管。2对精巢囊在贮精囊的前方，即在第10～11节，也是附在腹面的体壁上。第10节的精巢囊与第11节的贮精囊相通，每一精巢囊又与第12节的贮精囊相通。每一精巢囊有一漏斗与后行的输精管相连。两侧各有2条输精管包在共同的鞘内，由第12节后行至18节，由雄性生殖孔通向外界。有乳白色花状的前列腺在第17～19节通输精管末端近生殖孔处，可分泌物质供精子作为营养。在雄性生殖孔周围，有12～15个粒状的副腺。雌性生殖系统包括1对掌状卵巢，位于13节腹面，卵巢之后，在近隔膜处有1对漏斗。漏斗开口处有纤毛，两个卵漏斗连合成输卵管。输卵管开口于第14节的雌生殖孔。此外，还有2对受精囊，一对在第7～8节间两侧，另一对在第8～9环节。每一受精囊可分3部分，一个梨形的囊及接连于开口的盲管；另一略弯曲的盲管，也开口在受精囊孔；围绕受精囊孔的周围有一环约8个粒状突起的副腺。

（3）观察环毛蚓的横切面制片（图1-6-1）：

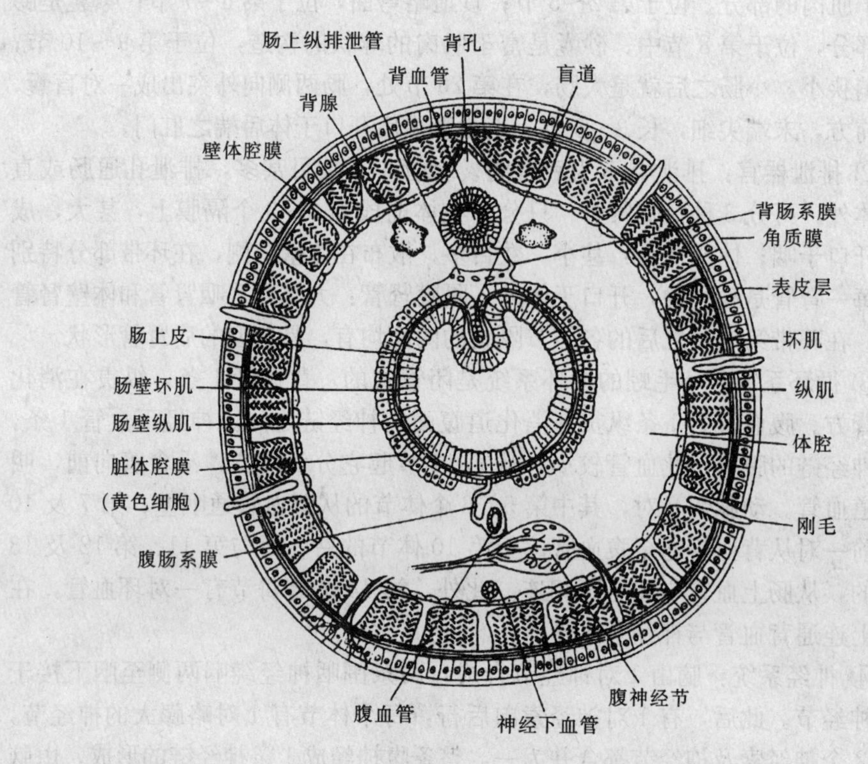

图 1-6-1 环毛蚓中部横切面图解（自黄诗笺）

① 环毛蚓的体壁构造：

a. 角质膜：最外面极薄的透明层，是表皮细胞层的分泌物。

b. 表皮层：由一层柱形细胞所构成，是由外胚层细胞发展来的，内有许多腺细胞。

c. 肌肉层：位于表皮层的内侧，由中胚层的细胞发展来的，分为：环肌，环状排列的；纵肌，在环肌之内，肌肉层较厚可分成几束。

② 体腔：在体壁和消化道之间的空腔。

③ 消化管：

a. 黄细胞：一层不定形的腺细胞围在消化管的外壁。

b. 体腔膜：即附在外肠壁上的腔表皮细胞层（不易看到）。

c. 肌肉层：可分 2 层，纵肌在外，环肌在内，两层均较薄。

d. 肠上皮：肠壁最内的 1 层细胞。

④ 血管：

a. 背血管：在消化管的上方。

b. 腹血管：在消化管的下方。

c. 神经下血管：位于腹神经索之下。

2. 沙蚕（*Nereis*）　观察沙蚕的浸制标本。

沙蚕略呈圆筒形，前端比后端稍狭。沙蚕有一显著的头部，包括 2 部分，即口前叶和围口节。前者的背方有 4 个眼。前者有一对短的触条，其后有较粗大的 1 对触条。口前叶之后为围口节。围口节和身体其他部分的体节相似，但无疣足，两侧共有 4 对长的触手。围口节腹前方有一能翻出的咽，其末端有颚和口。自围口节之后，每节形态是相似的。除去 1 节之外，各具 1 对疣足。

四、示教标本

1. 沙蚕类

(1) 双齿围沙蚕（*Perinereis aibuhitensis* Grube）。

(2) 环带沙蚕（*Nereis zonata* Malmgren）。

(3) 旗须沙蚕（ *Nereis vexillosa* Grube）。

2. 具栖管种类

(1) 石灰质栖管：内刺盘管虫（*Hydroides ezoensis* Okuda）、螺旋虫（*Dexiospira spirillum*）、龙介虫（*Serpula vermicularis* Linnaeus）。

(2) 胶质栖管：温哥华真旋虫（*Eudistylis vanconveri*）。

(3) 泥质栖管：烟树蜇虫（*Pista fasciata*）。

五、作　　业

绘雌性人蛔虫的横切面图并注明各部位名称。

第七节　软体动物门——菲律宾蛤仔、乌贼

一、实验目的

通过对菲律宾蛤仔和乌贼外形及内部解剖的观察，了解软体动物门（Mollusca）瓣鳃纲及头足纲的一般结构及特征。另外，认识一些重要的经济种类和大连海滨常见种。

二、材料与用具

购买市售的活菲律宾蛤仔、乌贼；习见或经济种类的浸制标本；解剖用具一套，解剖盘。

三、操作方法与观察内容

（一）菲律宾蛤仔（*Ruditapes philippinarum*）

1. 外部形态（图 1-7-1） 菲律宾蛤仔的贝壳为卵圆形，壳质坚厚而膨胀。壳顶微凸出，先端尖，稍向前方弯曲，位于背缘靠前方。壳顶至贝壳前端的距离，约等于贝壳全长的 1/3。小月面宽、椭圆形或略呈梭形。楯面呈梭形，韧带长，突出。贝壳前端边缘椭圆，后端边缘略呈截状。

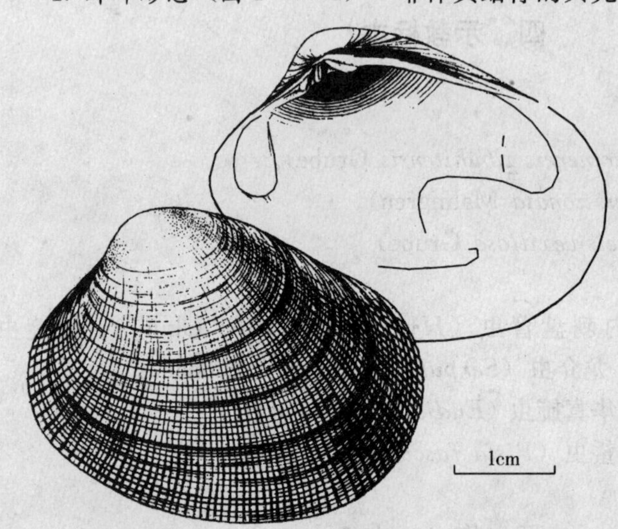

图 1-7-1 生活在潮间带下部的菲律宾蛤仔

贝壳表面灰黄色或灰白色，有的具带状花纹或褐色斑点。壳表面有细密的放射肋，与自壳顶同心排列的生长纹交错形成布纹状，顶端放射肋极细弱，自腹面逐渐加粗。

贝壳内面灰黄色，略带紫色。铰合部细长，每壳具有 3 个主齿，左壳前面 2 个和壳中央 1 个有两分叉。后闭壳肌痕圆形，前闭壳肌痕半月形。外套痕明显，外套窦深，前端圆形。

2. 内部构造

（1）外套膜与水管：外套膜包括整个软体，边缘较厚，中央部分很薄，可以透视内部的一些器官。外套膜除在背面愈合外，还在后端和腹面与合并延伸形成两个水管，腹面的为入水管，背面的为出水管，两水管的基部愈合，末端分离，水管壁厚，末端生有触手，入水管比出水管稍微粗长。

（2）足：足位于身体的腹面，两侧扁平，呈斧刃状。足的基部为内脏块，足内有发达的足腺。

(3) 肌肉：

① 闭壳肌：有前后闭壳肌，均呈椭圆形，后闭壳肌比前闭壳肌大而发达，闭壳肌可明显的分为平滑肌和横纹肌两部分。

② 足肌：足部肌肉可分 3 层：第 1、2 层为斜肌，是组成足部表面的肌肉，第 3 层排列复杂，外为环肌，中是横肌并杂以纵肌、环肌，为足的中心。足基部有前、后缩足肌附于前、后闭壳肌靠近的壳内面。

③ 外套肌：位于外套膜边缘，较厚。

④ 水管肌：位于水管的基部，较发达。

(4) 呼吸系统：鳃为主要的呼吸器官，左右具内、外鳃各 2 片，外鳃叶比内鳃叶短而钝，外鳃叶前端起始于内脏块中部，内鳃叶前端接近于唇瓣，内、外鳃叶在背缘愈合，形成鳃上腔。鳃瓣由很多鳃丝连接排列而成。鳃丝形成多数小孔，鳃丝上生成许多纤毛。此外，外套膜和唇瓣中的血管，也有辅助呼吸的作用。

(5) 消化系统：唇瓣位于鳃的下方，呈三角形，外唇瓣稍大于内唇瓣，两内、外唇瓣分别在基部相连，内外唇瓣相对一面有许多褶皱，其上有纤毛，用于输送食物。

口为一横裂，位于前闭壳肌和内脏块之间，其直后方一条短小的管子是食道，食道壁较薄。其后为连接食道，左右两侧稍扁，成不规则囊状的胃，胃壁较薄，它全部被消化腺所包围。消化腺 1 对（亦称肝脏），有消化腺管通入胃内。自胃部先后延伸自足前端有一胃盲囊，其中有一条紫褐色的水晶棒（晶杆）。

肠管自胃后中部伸出，前部较大，后部细小，它的长度约相当于动物体长的 2 倍多。肠管由胃后面下行先偏向右方，盘旋数次，在绕过胃后面转向侧面继续往下行，沿内脏块边缘形成“U”字形，仍折向上行于胃后方，末端即直肠。直肠穿过心脏延行至后闭壳肌的后下方开口为肛门。

(6) 循环系统：心脏在内脏团的背侧的壳顶附近。心腔位于围心腔中央，它有前、后两束放射状肌肉支持。心室两腹侧各有心耳一个。从心室前、后分出两条动脉：前行一支派生出血管至外套膜、鳃基部及闭壳肌；后行一支出为心腔之后，分出许多分支向后缘分布，通至足部、唇部和口缘等处。

(7) 生殖系统：生殖腺位于内脏团中，包围在消化管周围。成熟的生殖腺丰满。雄性精巢呈白色，雌性卵巢带淡黄色。生殖腺导管呈树枝状，生殖孔开口在肾孔的前方。

(8) 排泄系统：肾脏 1 对，呈长三角形，位于心脏后下方两侧。左右肾前端各具一小肾孔，肾的排泄物皆由此孔送到鳃上腔经出水管排出体外。

(9) 神经系统：神经系统不很发达。脑神经节位于唇瓣基部两侧，略呈菱形。从脑神经节分出脑神经联络、脑脏神经联络和脑足神经联络以及外套膜前闭壳肌等部分的神经。脏神经节位于鳃的背面，在围心腔和后闭壳肌交界处的腹面，近四方形，它派生出的神经除脑脏神经联络之外，还有通向鳃、外套膜、后闭壳肌、直肠、肾脏、围心腔等处的神经。足神经节在足部中，除脑足神经连接外，还派生出数条神经分布于足部各处。

3. 内部解剖　活的菲律宾蛤仔，由于闭壳肌的作用，使两壳紧闭，不易打开，因此在解剖前必须经过处理。简便的方法是将菲律宾蛤仔放入40℃左右的温水中，待其足伸出后，慢慢加热杀死（若要观察心脏跳动，则不要继续加热杀死）。经过这样处理的菲律宾蛤仔，由于闭壳肌松弛，失去作用，在韧带作用下，两壳张开。

(1) 软体的形态观察：首先除去左侧贝壳。去壳时，左手执菲律宾蛤仔，右手持解剖刀，把粘在左壳上的外套膜挑开，若受到阻碍，则为肌肉附着处，慢慢刮割，使肌肉与贝壳分离。注意在刮割时，解剖刀缘必须紧靠贝壳，以免割破菲律宾蛤仔的软体部，影响观察。肌肉与贝壳分离后，割断韧带，即可除去左壳。除去左壳后，可先观察软体的形态，然后用镊子夹起左侧的外套膜，沿其基部剪除。接着左手用镊子把同侧的鳃瓣夹起，右手用剪刀沿其基部由后向前剪去，除去同侧的鳃，观察足、触唇、鳃水管、鳃上腔、生殖孔、外肾孔。

(2) 观察直肠、肛门、鳃上腔：用与除鳃一样的方法除去左侧，然后分3区除去内脏囊壁。首先从出水管插入剪刀，沿内脏囊壁后上缘向上剪至围心腔后上方，再折回沿后闭壳肌后缘剪去，除去该处的内脏囊壁，观察直肠、肛门、鳃上腔。

(3) 除围心腔膜：观察直肠、肛门、鳃上腔完后，即可除去围心腔膜。除去的方法先用镊子把围心腔膜夹起（注意不要连同心脏一齐夹起），然后用剪刀剪开一孔，再从孔门插入剪刀，沿围心腔四周缘，剪除左侧围心膜，使心脏露出，观察心室、心耳、心室瓣、前大动脉、后大动脉。轻轻掀起心耳，可看到围心腔膜上的内肾孔和围心腔下的大静脉、肾脏、膀胱。

(4) 生殖系统：在足基部附近剪开内脏囊壁，用镊子夹起被剪开的游离部分，再用解剖刀将联系左右两囊壁的肌纤维束割断，并把附着在体壁上的生殖腺刮下（注意别割断埋在生殖腺中的肠管），使生殖腺与内脏囊壁分离。分离后继续剪开，再分离，直至把盖在生殖腺、肝脏左面的内脏囊壁全部除去为止，观察生殖腺、生殖管、生殖孔。

(5) 神经系统：在闭壳肌与伸足肌之间细心找寻淡黄色的脑，确定脑的位置后，便耐心用镊子除去盖在其上的一层薄膜，露出脑及其发出的 4 条主要神经。细心除去掩盖神经的组织，即可露出 4 条神经的走向。轻轻拨开在足与生殖腺间近前端的生殖腺或沿脑向腹方发出的脑足连索的去向找寻足神经节，并把妨碍观察的生殖腺、肌肉除去。用镊子细心地除去后闭壳肌腹面的一层薄膜，即可露出脏神经节发出的神经。经过这些精细的解剖，即可使神经系统显露，进行观察。

(6) 消化系统：从食道开始逐渐向后把盖在消化器官上的生殖腺除去或剖开埋藏于生殖腺中的消化系统，便可观察整个消化系统的通路。经过以上耐心细致的解剖，就可得到一个完整的解剖标本，便于进行系统的、全面的观察。

(7) 循环系统：取未杀死的菲律宾蛤仔，从心室注入洋红动物胶液，待其分布于全身各处后，停止注射，详细观察其循环系统，并可用 10%的福尔马林液固定保存。取经 10%的福尔马林固定的菲律宾蛤仔，用粗大剪刀，从菲律宾蛤仔后端开始一小块一小块地将其贝壳的后半除去，并经心脏横切其软体部，即可得其横剖面标本。

(8) 呼吸系统：取活菲律宾蛤仔的鳃一小块，用解剖针把鳃间隔挑断，取一鳃叶，平放在载玻片上，观察它的细微构造。

用布安氏液（Bouin's Fluid）固定鳃，经冲洗脱水后包埋切片。用苏木精-伊红（hematoxylin-eosin，HE）染色，制成玻片标本，在显微镜下观察鳃纵切和横切的细微构造。

(二) 乌贼（*Sepia*）

1. 外部形态　乌贼的身体略呈椭圆形，左右对称，背腹略扁平。分头部和躯干部。

(1) 头部：头部明显呈圆形或椭圆形

① 口：头的顶端中央有口，口的周围绕着两圈膜状的唇，外圈的为外唇，内圈的为内唇，唇亦称围口膜。

② 腕：头部有腕五对，放射状排列在口的周围，其中近腹面的第 2 对腕特别长叫触腕。腕的基部粗大，末端较尖细，内侧着生许多圆形的吸盘，内有角质结构。各腕之间有腕间膜，触腕长度约等于腕的 2 倍，其基部一段较细小为腕柄，无吸盘。末端显著膨大部分为腕头，其两侧有鳍状皱襞，内侧着生许多吸盘，吸盘圆形，有柄，亦具角质结构，吸盘大小不等（直径 2～10mm）。

③ 眼：头的两侧有眼 1 对，很发达，近似脊椎动物的眼睛。

④ 漏斗：头之后较窄小部分为颈部，其腹面与漏斗紧贴。紧贴处有一凹陷地方叫漏斗陷。漏斗的窄小部分向前，宽大部分向后，内口宽大与外套腔相通，外口狭小与外界相通。漏斗基部两侧有两软骨陷叫钮穴。

(2) 躯干部：躯干部是一个宽大的囊状构造，从背面观察呈楯形。背腹稍扁，背面颜色较深，腹面颜色较浅。

① 体壁：躯干两侧有鳍。整个身体表面盖覆着柔软的皮肤，其上有紫红色的斑点，体壁为很厚的肉质外套膜，背面以舌状闭锁器与颈部相连，腹面沿颈的外围为游离的外套缘，成一宽大的开口通外界。

② 外套腔：外套内为一宽大的外套腔，是内脏团所在的地方。腹面的外套边缘成一襟，其上有两软骨突叫钮突，与漏斗上的两软骨陷相嵌合，构成了腹面的闭锁器。躯干后缘藏在背面皮下骨骼的末端，往外露出成刺状。

2. 内部构造 除去腹面的外套膜，露出鳃和内脏团，剪去内脏团的腹壁，可见如下系统：

(1) 呼吸系统：鳃 1 对，羽状，位于内脏团两侧，各鳃以薄的肌肉褶连于外套膜壁上。

(2) 生殖系统：雌雄异体，实验时互相交换观察。

① 雌性：

a. 卵巢：1 个，位于生殖腔中，略呈心形，带有浅黄色卵粒。

b. 输卵管：在卵巢的左侧，自生殖腔发出，向口端前行，开口于直肠的左侧。

c. 输卵管腺：在输卵管末端，椭圆形。

d. 缠卵腺：1 对，梨形，位于内脏团的后部，肠的两侧，开口于外套腔。

e. 副缠卵腺：位于缠卵腺的前方，矢状。

② 雄性：

a. 精巢：位于生殖腔中，为一白色心形构造。

b. 输精管：自生殖腔左侧通出，卷曲，附着在储精囊及精荚囊上，管细，略呈红色。

c. 储精囊：白色，卷曲呈螺旋状，位于输精管稍前方，由输精管膨大形成。

d. 前列腺：在储精囊前端。

e. 精荚囊：瓶状，在输精管与储精囊的左侧。

(3) 排泄系统：

肾：以镊子轻轻地去除内脏团腹面的结缔组织（如是雌性的则应先分离缠卵腺及副缠卵腺），可见 1 对左右对称的不规则的透明状囊，为肾脏的腹囊，腹囊各有一小管沿直肠两侧通向口端，以排泄孔开口于外套腔。

(4) 循环系统：

① 前大静脉：位于肾孔之间，后行至肾的前端分为两支穿过肾脏的腹囊，

斜行至体侧而通入鳃心。

② 后大静脉：2根，位于内脏团后部两侧，后端斜行向前与前大静脉后端分枝汇合。

③ 鳃心：1对，位于左右鳃的基部，浅黄色，囊状，其外侧以鳃血管通入鳃中，其后端有一圆形的鳃心附属腺。

④ 心脏：由2心耳、1心室组成。心耳紧接于鳃心的前方，长袋形，呈青色。心室位于两耳中央，略呈长方形，浅黄色，富肌肉。

⑤ 前大动脉：由心室向前发出的动脉，沿背面直行达于头部。

(5) 软骨：以解剖刀及镊子除去头部及腕上的表皮，再沿肌肉附着点，除去肌肉及腹面的腕，即见透明的软骨在头的中央及眼的基部。

(6) 神经系统：

① 脑：用镊子小心地把软骨揭开，可见其中浅黄色的脑，它由脑神经节、脏神经节及足神经节组成。

② 星芒神经节：由脏神经节发出的1对较大的神经，斜行至外套膜前壁形成的1对星芒状的神经节。

③ 眼神经节：由脑两侧突出的1对球形神经节。

(7) 消化系统：

① 口：有围口膜包围，膜上有乳头状突起。

② 口球：以解剖刀及镊子除去头部腹面的肌肉，即见其头部中央的肌肉质的球状物，为口球。剖开，可见其内有一状如鹦鹉喙的鹦嘴颚和一发达的齿舌，舌上有锐齿数行。

③ 食道：在口球之后，细而长，穿过头部软骨，通至胃。

④ 胃：位于内脏团中部，囊状，壁厚，外被结缔组织，分离墨囊即可见到。

⑤ 胃盲囊：在胃的左侧，较大，扁平状。

⑥ 肠：连于胃之后，逆行回至口端，以直肠穿过内脏中央。至腹面与墨囊管相接，开口于肛门，通于外套腔。

⑦ 肝脏：位于食道两侧，较大，前三角形，前端分离，后端联合。

⑧ 唾液腺：1对，在肝脏的前端背面食道的两旁，黄豆状。

⑨ 胰脏：在胃与胃盲囊的背面，为葡萄状腺体。

⑩ 墨囊：在胃的腹面，囊状，有墨囊管与直肠平行开口于直肠的后端部。

3. 内部解剖 左手紧握乌贼的躯干部，使腹面朝上。右手持剪刀，在腹面外套缘中央，从前往后剪开，又从漏斗内口处插入剪刀，将漏斗剪开。然后将乌贼放在蜡盘中，把漏斗和体壁往两侧打开，用大头针将它固定下来。进行观察。

(1) 生殖系统：漏斗内近外口处有肉质瓣1片，其游离端指向外口。在躯干处，将贴在内脏团外的薄膜除去即可见鳃、肛门、直肠、肾、墨囊和生殖器官。如果是雄性个体，还需将生殖器官全部取出（生殖器官与体壁和其他器官相连系的膜剪断，小心拿出生殖器官，注意勿弄破墨囊。）。放在盛有清水的蜡底培养皿内，然后用镊、剪小心将包裹着生殖器官的薄膜剪开撕除，并将各部分分离开来（要注意勿弄断输精管）。

(2) 循环系统：静脉管透明，薄膜状，注意勿将之弄破。可先从鳃心内侧找到大静脉进口的地方，从这出发追踪找出静脉管。也可从鳃心上方找到入鳃血管的基部，从此往上找出整条入鳃血管，同样从心耳往上至鳃内可找出鳃血管，动脉管较粗，前行大动脉与后行大动脉分别沿食道直上和沿墨管而下，故应保持食道、墨囊及其管的完整。

(3) 排泄系统：在直肠的左右两侧找到锥形的肾脏，将肾脏剪开，可见其内泡状的排泄组织。

(4) 消化系统：除去循环系统，观察消化系统，将肝脏往两边分开（注意勿弄破肝脏，否则会留出棕黄色浆状物），使食道露出，分开两肝脏的同时将从肝通胃的肝管分开。在头部腹面中央剪开皮肤、肌肉和软骨，使口球和食道的上段露出。近肝脏的顶端，头软骨的后缘，有唾液腺，其管通达口球。在剖开头软骨前需先把唾液腺找出，免受损坏。最后纵剖口球，观察其内部构造。

(5) 神经系统：取另一乌贼观察神经系统，同上述方法剖开并除去各器官，只剩下食道、胃、胃盲囊，在头部剥去皮肤，除去肌肉，剩下腕、口球和眼睛，使头软骨露出，然后用解剖刀分别在腹面和背面逐片地削去软骨（注意勿损伤在软骨内的神经组织），使头部神经节露出，在腹面前方找到腕神经节后，沿着从这神经节发出的掌状腕神经，将各腕纵剖，使埋在腕中的整条腕神经露出来，在腹面后方找到内脏神经节，沿着从这神经节发出的3条神经往下将周围皮肤肌肉剪除。在外套两侧鳃的附近找到2个星芒状神经节和在胃上方与胃盲囊交界处找出一个胃神经节，使这些神经节与内脏神经节相连通的神经全部显露出来。

(6) 头软骨的获取：取另一乌贼将头部切出，剪去腕，剥掉皮肤，除去眼睛和口球，然后放在5%氢氧化钠溶液中浸20～30min，取出后放在清水中用镊子将附在头软骨上的肌肉、结缔组织和包在其内的神经组织全部除去，便可得到一个完整的头软骨。

四、示教标本

1. 双神经纲（Polyplacophora） 红条毛肤石鳖（*Acanthochiton rubrolineatus*），锉石鳖（*Ischnochiton*）。

2. 腹足纲（Gastropoda） 圆田螺（*Cipangopaludina*）、香螺（*Neptunea cumingi*）、玉螺（*Natica*）、短滨螺（*Littorina brevicula*）、锈凹螺（*Chlorostoma rustimus*）、马蹄螺（*Trochus*）、鲍鱼（*Haliotis*）、织纹螺（*Nassarius* spp.）、宝贝（*Cypraea*）。

3. 瓣鳃纲（Lamellibranchia） 河蚌（*Anodonta* sp.）、魁蚶（*Anodonta inflata*）、毛蚶（*Anodonta subcrenata*）、海湾扇贝（*Argopecten irradians*）、虾夷扇贝（*Patinopecten yesoensis*）、牡蛎（*Ostrea*）、栉孔扇贝（*Chlamys farreri*）、贻贝（*Mytilus edulis*）、蛤仔（*Ruditapes philippinarum*）、竹蛏（*Solen*）、缢蛏（*Sinonovacula constricta*）、文蛤（*Meretrix mereix*）、青蛤（*Cyclina sinensis*）、江珧（*Pinna*）。

4. 头足纲（Cephalopoda） 枪乌贼（*Loligo*）、大王乌贼（*Architeuthis*）、柔鱼（*Ommatostrephes*）、章鱼（*Octopus*）、长蛸（*Octopus variabilis*）、短蛸（*Octopus ochellatus*）。

五、作　业

（1）绘菲律宾蛤仔的内部构造图。

（2）绘乌贼外形图。

第八节 节肢动物门——对虾

一、实验目的

了解对虾（*Penaeus*）外部形态及内部构造，从而明了节肢动物门（Arthropoda）甲壳纲动物的特征，并观察甲壳纲一些常见的动物。

二、材料与用具

用具：解剖剪、尖头镊子、解剖盘、解剖针。

材料：对虾整体浸制标本。

三、操作方法与观察内容

（一）外形

取对虾一只，置解剖盘内，详细观察其各部构造。体外被几丁质的外骨骼，节与节之间较薄和柔软，故身体腹部可屈曲自如。身体分前后两部。前部分节不明显称为头胸部，后部分节明显，称为腹部。

1. 头胸部

（1）背甲（头胸甲）：头胸部背面及侧面的大甲片。

（2）额角（剑突）：自头胸甲前向前伸出的部分，呈锥形，上面有锯齿8～10个。

（3）鳃盖：背甲两侧突起部分，盖于鳃的外边。

（4）眼：1对，在额角下方两侧，每眼均位于一可活动之眼柄上。

（5）口：在头胸部的前方腹面。

2. 腹部　腹部分节，每节均由4片甲片包围四周，腹部共有7节。

（1）背甲：背面的甲片。

（2）侧甲：两侧下垂的甲片。

（3）腹甲：腹面的甲片，位于两附肢之间。

（4）尾柄：腹部末2节上下扁平，末端略尖，两旁有剑形的尾肢。

（5）肛门：为一长形的孔，位于尾柄之下。

3. 附肢　虾的附肢较多，多分布于头胸部及腹部，每对的形状，除极少数者外，余均有变异，现将其构造及分布情况分述如下：

（1）附肢的构造：对虾的附肢多为两叉型的附肢。

① 基肢：常分2节，即底节及基节，基节上常有突起的上肢。

② 内肢：自基节生出，常分5节。

③ 外肢：自基节生出。

（2）附肢之类别：

① 头部附肢：

第一对附肢称第一触角（小触角），有柄3节，其上有鞭2肢。在第一柄节的基部有平衡囊司身体平衡的作用。在第二节的外侧，有乳状突起的柄刺。

第二对附肢称第二对触角（大触角），基肢2节，外肢为鳞片状。内肢鞭状，很长。

第三对附肢称大颚，基肢3节，其上有齿，外侧有薄片状的须。

第四对附肢称第一小颚，由3叶组成，底节与基节变成颚基，带硬刺尾，内肢细弱向外伸有5节。

第五对附肢称第二小颚，颚基两大片（底节、基节），双分为两小肢，内肢小而软，外肢大，变为叶片状，称颚舟片。

② 胸部附肢：

第六对附肢称第一颚足，形状与第二小颚相似，颚基2片，内肢5节，外肢为1大片，上肢1片。

第七对附肢称第二颚足，基肢2节，内肢5节，外肢长有细毛，有上肢1片。

第八对附肢称第三颚足，基肢2节，内肢5节，外肢不分节，有上肢1片。

第九对附肢称第一步足，基肢2节，内肢5节，前端呈钳状，有上肢。

第十对附肢称第二步足，基肢2节，内肢5节，前端呈钳状，有上肢，较第一步足长。

第十一对附肢称第三步足，与前两者同，但最长。

第十二对附肢称第四步足，与前相同。

第十三对附肢称第五步足，与前三者相同，前端呈爪状，无上肢。

第十四对附肢称第一腹足（游泳足），基肢二节具有内外肢。

第十五对附肢称第二腹足（游泳足），基肢二节，具有内外肢，雄性内肢相互愈合形成雄性交接器。

第十六对附肢称第三腹足（游泳足）。

第十七对附肢称第四腹足（游泳足）。

第十八对附肢称第五腹足（游泳足）。

第十九对附肢称尾肢，基肢一节，内外肢均甚发达，与尾节合称尾扇。

（二）内部器官

小心地将对虾的背甲打开，去掉有色素的皮肤，看到大块的消化腺，其前有胃，胃后上方有心脏，围心腔之下有生殖腺鳃在两侧。

1. 消化系统

（1）口：在头部腹面。

（2）食道：口后较短的管。

（3）胃：食道后较明显的部分，分为2部分：

① 贲门胃：紧接食道，有齿数个，可以磨碎食物。

② 幽门胃：下接肠。

（4）肠：幽门胃后的直管。

（5）肛门：在直肠的末端，开口于尾柄的腹面。

（6）肝脏（消化腺）：在胃的两旁，整体很大，有管通入幽门胃。

2. 循环系统

（1）心脏：位于胸部后端，胃的背面，为一多肌肉的器官。有小孔5对与围心窦相通。

（2）血管：由心脏发出前后动脉。

3. 呼吸系统　在胸部两旁，鳃盖与体壁之间各有一鳃室，内有羽状鳃两列。

4. 神经系统　脑（食道上神经节）很发达，位于头的背后部，有神经3对，分至眼及大小触角。

5. 生殖系统　雌雄异体，生殖腺位于围心窦下方。

（1）雌性生殖器：卵巢，有两大叶，后有一小叶，每边有一短输卵管开口于第三步足基部。

（2）雄性生殖器：精巢一对位于围心窦之下方，每边有一精管，开口于第五对步足之基部。

（三）解剖方法

（1）从头胸甲的后缘开始，以小剪刀按图1－8－1所划的虚线向前剪，将一侧鳃甲去掉，可以观察鳃。

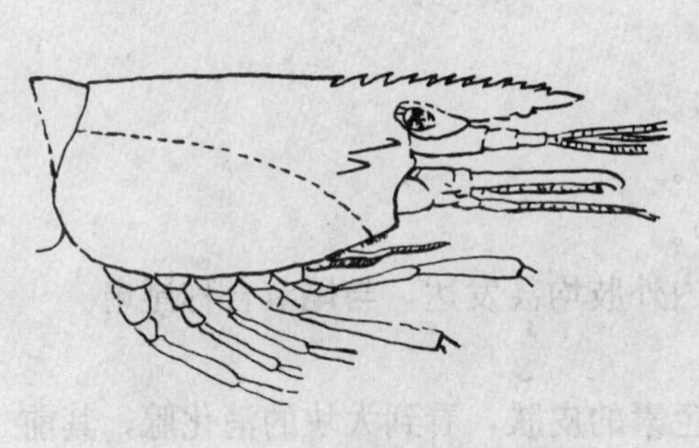

图1－8－1　对虾除鳃甲示意图

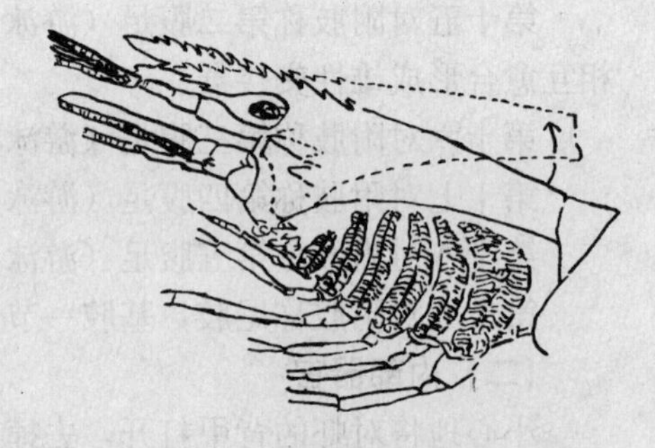

图1－8－2　对虾除头胸甲示意图

（2）观察完鳃之后，将全部头胸甲除去，然后以剪刀沿所示之虚线(图1－8－2)向前除去头胸部的一侧体壁，并将大颚肌肉除去，可观察到心脏、血管、生殖器官、胃及肝脏等。

（3）沿图1－8－3所示的虚线向后剪，另一侧也从同样的位置向后剪，将腹部背板除去，除去腹部背方肌肉，将其余肌肉的一边除去，但不要损伤所见到的管状构造，将肝的一边剪去及除去同一边的大颚。可观察消化系统、生殖系统及循环系统等。观察完这些后，将全部腹部的肌肉头胸部的内脏除去，但保留食道，在两眼之间可见到一略呈白色的脑及腹面的一条神经链。

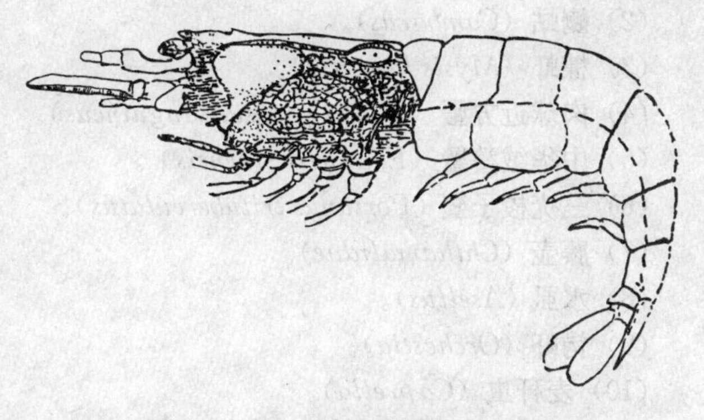

图 1-8-3 对虾除腹部背甲示意图

(4) 用镊子从后端开始夹着每个附肢的基部，逐个将其除下，注意除步足时需用剪刀帮助才能将鳃一起除下。将附肢放在盛有水的培养皿中，放在解剖镜下或借助放大镜，可以逐个研究它的构造。

四、甲壳纲沼虾属与长臂虾属的比较

1. 沼虾（青虾）(*Macrobrachium*) 生活于淡水中，河流、湖泊、池沼中比较常见，身体呈圆筒状，体长 60～90mm，稍侧扁，体呈青绿色，带有斑纹，所以俗称青虾。头胸部愈合。外被头胸甲，头胸部粗大，腹部短小，头胸甲向前方延伸成为额剑，甚发达。其上缘平直有齿 11～14 个，下缘有齿 2～3 个，为分类的标志。头部的附肢 5 对，胸部有 8 对。沼虾的第二步足非常粗大，常常超过整个体长，甚至超过体长的 2 倍以上。腹部的附肢 6 对。

2. 长臂虾 (*Palaemonidae*) 生活于海水或淡水中，与沼虾很相似，唯头胸甲上无肝刺。具触角刺及鳃甲刺，一般眼发达具色素，雄性第一腹肢无内肢。

3. 鹰爪虾 (*Trachy penaeus* curvirostris) 体长 60mm 以上，较前几种虾体型稍小，甲壳厚而粗糙，棕红色。腹部弯曲时，很像鹰爪，故得名，在广东省又叫厚壳虾。额角刀形，末端向上弯，头胸甲前部眼眶后方有一条短的纵缝。雄性交接器末端向左右两侧突出，略呈锚状。雌性交接器的前板呈半圆形。我国南北各海区都产，特别在黄渤海区产量较大。

五、示教标本

(1) 虾蛄 (*Squilla oratoria*)。

(2) 蝲蛄（*Cambarus*）。
(3) 糠虾（*Mysis latreille*）。
(4) 肉球近方蟹（ *Hemigrapsus sanguineus*）。
(5) 中华绒螯蟹（*Eriocheir sinensis*）。
(6) 三疣梭子蟹（*Portunus trituberculatus*）。
(7) 藤壶（*Chthamalidae*）。
(8) 水虱（*Asellus*）。
(9) 钩虾（*Orchestia*）。
(10) 麦秆虫（*Caprella*）。
(11) 部分水生昆虫标本示教。

六、作　　业

(1) 将对虾的 19 对附肢分别取下，并贴在实验报告上，注明各肢名称。
(2) 绘对虾（沼虾或长臂虾）外部侧面图，并注明各部的名称。

第九节　棘皮动物门——海胆

一、实验目的

通过实验了解海胆（*Echinoidea*）的外部形态及内部构造，从而了解棘皮动物门（Echinodermata）及海胆纲的主要特征。

二、材料与用具

工具：解剖盘、尖头镊。
材料：海胆整体浸制标本及浅海中常见的棘皮动物标本。

三、操作方法与观察内容

取一浸制的海胆放在解剖盘内，先观察其外形，然后用镊子去掉棘，用解剖刀将壳面刮净，观察脊板排列情况，再用解剖刀沿赤道将海胆剖开，打开反口面，观察其内部构造。

（一）外部形态

海胆全呈半球形，略紫色，身体分为口面和反口面。较大的个体直径约

80mm，高约40mm，海胆体表丛生许多长而坚硬的黑紫色的棘，尖锐、无横斑，长度几乎等于直径，按一定顺序排列，可自由活动，并可配合管足运动。棘的基部以肌肉附在胆壳的疣突上。

扁平的一面为口面，棘较其他部分的略短，中间为围口部。围口部的边缘稍向内凹陷，无骨板而为一层薄膜。口位于围口膜正中，中央有5个露出的齿，在齿的外缘围口膜上还存在5对管足，称为围口触手，在围口触手附近还有许多棘钳分布。

去掉海胆的棘刺，观察脊板排列情况：

(1) 反口面：隆起，呈半球形，中央有一圆形的板称为围肛板（肛缘膜）。它是由许多小板相连而成，在围肛板略偏于中央处有一孔为生孔，也有个体变异，即第三和第四生殖板上各有两个生殖孔。其中一块生殖板与筛板愈合，此板特别大，上面有许多小孔。在生殖板的外围还有位于间步带区的5个眼板顶板与生殖板交错排列。此10块板与围肛板合称为顶端系统。

(2) 胆壳：由20行紧密相间辐射排列的骨板组成，每行由许多小的骨片组成，每片小骨片上有一个大的和数个小的瘤突。20行骨板分为10个区，其中5个步带区，五个间步带区，每区由相邻的2行骨板组成。步带区和间步带区相间排列；步带区比间步带区约窄1/3。步带区的骨片比间步带区的小，步带区的骨板每行有22～23块小骨板，间步带区的每行有16～18块。在步带区骨板的外缘有成对排列的小孔。每块骨片上有5～7对，排列成弧状。

(二) 内部构造（图1-9-1）

1. 消化系统　口内有复杂的咀嚼齿，称为亚里士多德提灯（亚氏提灯）(Aristotle's lantern)，呈圆锥状（由6种共45块骨片组成）。口下接一食道，自亚氏提灯间通过。食道下为肠，无胃。肠分为小肠和直肠，肠在胆壳内以顺时针方向（从反口面观）水平盘旋2次，并以肠系膜挂在胆壳内壁。小肠扁平而细长，直肠较粗大。通过反口极的肛门开口于体外。

2. 水（步）管系统　基本构造与海星（*Asteroidea*）相同。水自筛板入内，与石管相接；下至口极，在亚氏提灯上端围绕肠有一环水管，由环水管分出5条辐水管，经亚氏提灯上端，然后向下在两个耳状骨之间通过，沿胆壳步带区向上直至反口极。辐水管又向两侧分出侧水管，由侧水管分出5～7个管足。管足相反的一端膨大成囊状，称为罍。管足的末端呈吸盘状，通过胆壳上的管足孔伸出体外。当罍收缩时，囊内的水即压入管足，使管足伸长，罍舒张时，管足即收缩。管足可以吸附在其他物体上，其交替收缩和伸张可使身体不

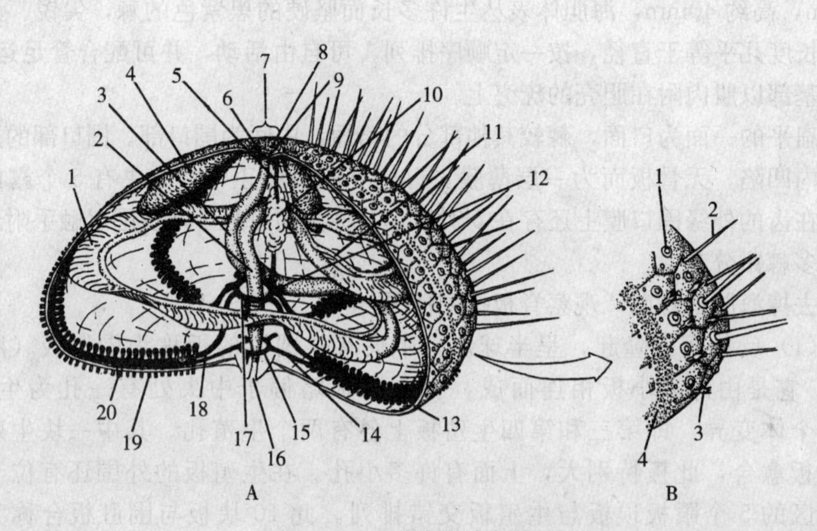

图 1-9-1 海胆的内部构造

A：海胆内部的一般构造（仿 Hickman）

1. 胃 2. 食道 3. 肠 4. 生殖腺 5. 石管 6. 肛门 7. 围肛部 8. 生殖孔 9. 筛板 10. 轴腺 11. 水管 12. 波利囊 13. 胆壳 14. 放射性神经索 15. 神经环 16. 口 17. 环管 18. 腹水管 19. 管足 20. 鳃

B：部分内骨骼展示（仿 Hickman）

1. 原始结节 2. 棘 3. 叉棘 4. 管足孔

断移动。

3. 生殖系统　大连紫海胆（*Strongylocentrotus nudus*）为雌雄异体，在外表上雌雄个体没有区别，生殖腺 5 个，中间有一结缔组织的隔膜，生殖腺以膜紧贴在间步带区的生殖体腔内，在生殖季节（6～7 月）里，生殖腺达到最大，几乎占据整个体腔。每个生殖腺在反口极变细而形成短的生殖导管，通过生殖板上的生殖孔而开口于体外。

4. 体腔　大连紫海胆有一个很大的体腔，主要为肠及生殖腺所占据。体腔内具有体腔膜，而将整个体腔分隔成几个小室，包括食道腔、围肛腔和生殖腔。

5. 围血系统　与海星相似，在咀嚼器的反口面，食道的外围有一血管环，由血管环上分出分枝向间步带区，并向步带区分出 5 条辐血管，与辐水管伴行。辐血管的分枝伴随着水管系统分布到管足内。围血系统的另一主要管道是附在肠上，由血管环分出，沿食道到肠并伴随肠盘旋，位于肠的内侧，有发达的血管网分布于肠壁上，不易见到。

6. 神经系统　因与围血系统及水管系统相伴，分枝过细，大体解剖不易分辨。

7. 呼吸系统　主要呼吸器官为5对鳃，位于口极间步带区。管足亦有呼吸作用。另外肠上的虹管也可行肠呼吸。

亚氏提灯（Aristotle's lantern）的结构（图1-9-2）主要由以下几种骨片组成：

（1）颚片：共10块，每2块组成"V"形，10块颚片围成一圈，在亚氏提灯的外围。

（2）弧状骨：共10块，每2块紧密相邻成拱形，搭成颚片所组成的"V"形的上方。

（3）中间板：在两个弧状骨之间，横向食道的骨板，共5块。

（4）桡骨：5块，在中间板的上方，各桡骨的末端分叉。

（5）耳状骨：共10块，在颚片的外侧与胆壳相连，每2块组成"V"形。

（6）齿骨：在两颚片所组成的槽之间，靠口极的一端坚硬而突出于颚片之外，向反口极一端突出于亚氏提灯，然后向下弯曲，较柔软。

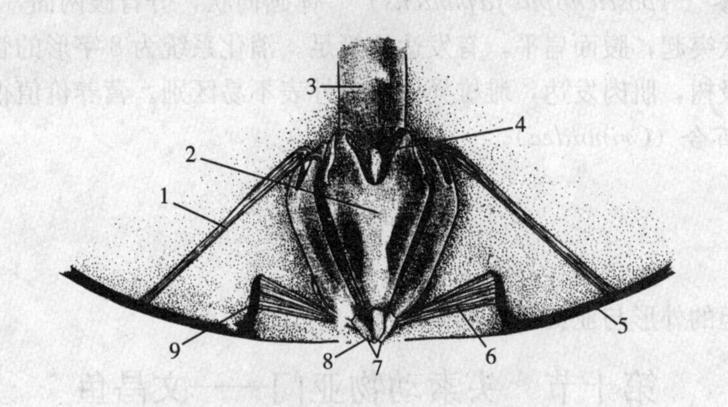

图1-9-2　亚里士多德提灯（仿 Hickman）

（亚里士多德提灯是海胆撕碎食物时使用的复杂机制，仅示主要的骨骼和肌肉部分）

1. 伸肌　2. 颚片　3. 食道　4. 齿骨（tooth）　5. 胆壳

6. 缩肌　7. 齿骨（teeth）　8. 口　9. 耳状骨

（三）其他常见的棘皮动物

1. 海星（*Asteroidea*）　匍匐爬行于海底或海藻丛生的礁石上，又名星鱼或海盘车。体为扁体形，具5个辐射排列的腕呈星形，故名。体的中央呈盘状为体盘。常以口面向上，微凸，具红紫蓝色，多变化，体表具有许多棘突和棘钳。

2. 海燕（*Asterina pectinifera*）　身体呈辐射对称的星形，5个腕较海星短，仅口面侧较为隆起，色蓝紫，尚有红斑，口面扁平，淡红色，生活于岩石或绿藻间，颇为美丽。

3. 大连紫海胆（*Strongylocentrotus nudus*） 壳为半球形，薄而脆，口面平坦，围口部的边缘稍向内凹陷，口位于口面中央。5 枚钙质齿露于口外，身体颜色是褐色或黑紫色，棘的颜色亦相似，身体直径达 80mm，高约 40mm，大棘长约为 40mm。

4. 马粪海胆（*Hemicentrotus pulcherrimus*） 体为球形略扁，体外遍生长短不等的棘。形如球，又如马粪，故名。体为绿紫色或灰褐色，为沿海常见。

5. 马氏刺蛇尾（*Ophiothrix marenzelleri*） 身体为辐射对称的星形背腹平，腕为 5 条，腕长为 40～60mm，能做左右摆动，呈蛇尾状，体盘直径为 10～13mm，与腕间交界线极明显。身体的颜色变化很多，一般带有褐、绿、青蓝、紫色等，腕上常有纵横的条纹。

6. 海参（*Apostichopus japonicus*） 体圆筒状，分背腹两面，背面拱起，有大形乳状突起，腹面扁平，有发达的管足。消化系统为 8 字形的管子，呼吸系统为呼吸树，肌肉发达，雌雄异体，但外表不易区别。营养价值很高。

7. 海百合（*Crinoidea*）

四、作　业

绘海胆的外形与亚氏提灯侧面观图。

第十节　头索动物亚门——文昌鱼

（附：尾索动物——柄海鞘）

一、实验目的

通过对文昌鱼（*Branchiostoma*）、柄海鞘的外形观察和内部解剖，理解脊索动物门的主要特征，了解头索动物亚门（Subphylum Cephalochordata）与其他亚门动物的区别。

二、材料与用具

文昌鱼、柄海鞘的浸制标本；文昌鱼的整体染色装片和过咽部横切片；柄海鞘解剖示范标本及幼体装片。

解剖器、解剖盘、放大镜、解剖镜、显微镜、培养皿。

三、实验内容

(1) 文昌鱼外形及内部结构的观察。

(2) 柄海鞘成体和幼体外形和内部结构的示范。

四、操作方法与观察内容

用镊子拨动文昌鱼浸制标本时，动作要轻，以免损伤标本。文昌鱼整体装片较厚，宜在低倍显微镜下观察。如需用高倍镜，则在升降镜头调焦距时，注意勿使物镜压毁标本片。

白氏文昌鱼（*Branchiostoma belcheri*）：头索动物亚门代表。

1. 外形观察　取一尾浸制标本，置盛水的培养皿内，用放大镜或解剖镜观察。

(1) 体形：文昌鱼身体半透明，左右侧扁，两端尖出，长梭状，形似小鱼，但无头与躯干之分。身体前端腹面有触须。体前部约 2/3 段，背面较窄，腹面较宽。

(2) 肌肉：透过皮肤可见身体两侧的肌肉，其肌节呈“<”形排列，两肌节之间较透明的部分为肌隔。有多少个肌节？两侧肌节排列互相对称吗？这在文昌鱼的运动中有何作用？

(3) 生殖腺：成熟的文昌鱼标本，透过皮肤可见身体两侧肌节腹方各有一列方形结构，即生殖腺。雄性生殖腺呈乳白色，雌性生殖腺呈淡黄色。共多少对？

(4) 鳍和腹褶：观察文昌鱼背侧，沿前中线有一纵行低矮的皮肤褶，为背鳍。背鳍向后沿尾部边缘扩展成为尾鳍。转动标本使腹面向上，可见尾鳍在腹面向前延伸至体后 1/3 处，此为肛前鳍。肛前鳍前方，身体腹面两侧有 1 对纵行皮肤褶，即为腹褶。

(5) 腹孔和肛门：在腹褶和肛前鳍交界处有一孔，即腹孔或围鳃腔孔。在尾鳍与肛前鳍交界处偏左侧的一小孔，为肛门。

2. 整体装片观察　取一文昌鱼整体染色装片，置解剖镜或低倍显微镜下，先观察标本的前端。

(1) 口笠与前庭：身体前端腹面，有一由薄膜围成的漏斗状结构，为口笠；口笠的内腔称前庭。

(2) 触须、轮器与缘膜触手：口笠边缘成排的须状突起，为触须。前庭底部内壁伸出的由纤毛构成的数条染色较深的指状突起，为轮器；底壁为一环形膜，称缘膜，缘膜中央的孔为文昌鱼的口；口周围有许多短突起，为缘膜触手。但在整体装片上所看到的缘膜为垂直状，其中央的口也看不到，而要通过缘膜触手的位置来加以判断。上述这些结构各有何功能？

(3) 咽：移动装片，口后方有宽大的咽。咽侧许多染色深的背腹方向斜行的棒状物为鳃隔，两鳃隔之间的空隙为鳃裂。咽外部被一大腔环绕，此腔为围鳃腔。鳃裂开口于围鳃腔，围鳃腔以腹孔与外界相通。

(4) 肠：为咽后的一条直管，前端较粗大，后部渐细，末端以肛门开口于身体左侧。在肠管前部腹面向前右方伸出一盲囊，称肝盲囊。肝盲囊有何功能？肝盲囊后部的肠管，有一段染色深的区域，称回结环，是消化作用最活跃的部位。

(5) 脊索：为紧靠消化管背方的一略呈黄色的棒状物。左右移动装片观察，可见脊索纵贯身体全长，前端可达口笠背方身体最前端。这与文昌鱼的生活方式有何关系？

(6) 神经管：位于脊索背方的一条较细的纵行长管，比脊索稍短。其前端有一黑色斑点，称眼点，但无视觉作用。管侧壁上有一纵列黑色小点，称脑眼，有感光作用。

3. *横切面切片观察* 取经过咽部的横切面切片，在低倍显微镜下观察(图 1-10-1)。

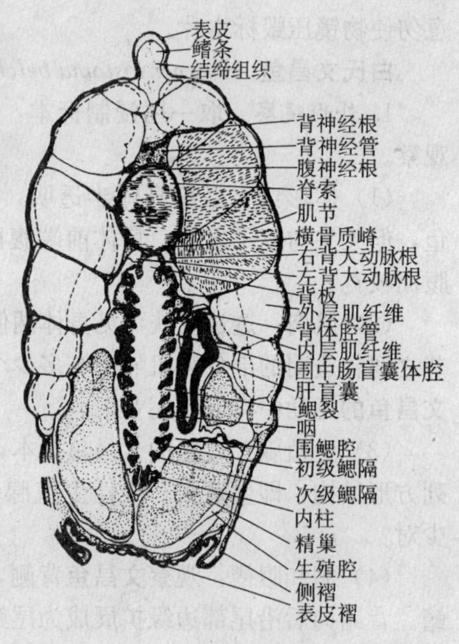

图 1-10-1 文昌鱼经过咽区横切面
(自马克勤)

(1) 皮肤：由表皮和真皮组成。表皮位于身体最外层，由单层柱状上皮细胞组成。真皮为表皮之下极薄的一层胶状物质。

(2) 背鳍：为背中央的突起部分，内有卵圆形的鳍条切面。

(3) 肌节：肌节的横断面呈方圆形，位于身体的背部和两侧，背部的较厚，近腹侧渐薄。肌节之间有肌隔分开。为什么在一个横切面切片中有许多肌节？身体腹侧左右腹褶之间，还有薄层横肌。横肌有何作用？

(4) 背神经管：位于背鳍条腹面，背部左右肌节之间，其横断面呈卵圆形或梯形，管中央的孔为神经管腔。文昌鱼的神经管腔并未完全封合，背中线留有裂隙。

(5) 脊索：位于神经管腹面，横断面呈卵圆形，较粗大，其周围有较厚的脊索鞘；脊索鞘向背方延伸包围了神经管。

(6) 咽：为脊索腹方呈长椭圆形的一个大腔。咽壁染色深的部分为鳃隔，因鳃隔呈斜行排列，所以在横切面上可见到许多鳃隔。两鳃隔之间的空隙即鳃裂。咽的背中线处有一深槽，为咽上沟，腹中线处也有一深槽，为内柱（咽下沟）。咽上沟和内柱在文昌鱼咽内收集和运送食物方面有何作用？

(7) 围鳃腔：为围绕咽部的空腔。

(8) 体腔：横切面上能见到的全腔仅为围鳃腔背方两侧各一不规则的空腔，即内柱下的狭小空腔。

(9) 肝盲囊：位于咽的右侧，为一卵圆形的中空结构。

(10) 生殖腺：位于围鳃腔两侧，形大而着色深的结构。如是精巢则呈条纹状；如是卵巢则呈块状，细胞核大而明显。

五、示教标本

1. 柄海鞘（*Styela clava*）成体观察　柄海鞘为尾索动物亚门代表

(1) 外形：观察柄海鞘成体浸制标本。体呈长椭圆形，外被以坚韧的被囊。身体基部有一柄用以附着于其他物体上，另一端有 2 个相距不远的孔：位置较高的一个是入水孔，另一个是出水孔。

(2) 内部解剖：观察柄海鞘成体的解剖标本，注意其脊索及神经管已退化。

2. 柄海鞘幼体观察　在显微镜下观察柄海鞘幼体封片标本。幼体形似蝌蚪，体前端有附着突起，后部具侧扁的尾，尾的中轴为脊索。

3. 菊海鞘（*Botryllus schlosseri*）　群体、个体排列成菊花状，出芽生殖。

第十一节　两栖纲——蟾蜍以及两栖纲分类

一、实验目的

通过蟾蜍的外形观察及内部解剖，掌握两栖纲（Amphibia）动物身体的主要结构并明确适应于水陆两栖生活的特征，同时熟悉解剖操作。

二、材料与用具

解剖刀、解剖剪、蜡盘、大头针、解剖针、镊子、蟾蜍或蛙。

三、操作方法与观察内容

(一) 外形观察

首先观察蛙的吻端，其上有两个鼻孔，孔边有鼻瓣，可启闭，注意蛙的呼吸动作。

蛙的皮肤表面有各种颜色，是由色素细胞所组成，背部的颜色通常接近于蛙所在地方的颜色。腹部白色，皮肤内含有大量黏液，使皮肤经常保持湿润，以利呼吸，蛙分为头、躯干、四肢3部分。

1. 头部　头扁平呈三角形，前端为宽大的口，头的两侧具眼，眼有上下眼，其外尚有瞬膜（透明），入水后瞬膜掩闭眼球，可在水中自由游泳。瞬膜之后有一鼓膜。雄蛙在口角基部有一对鸣囊，鸣时向外扩大如球。

2. 躯干　短而肥圆，泄殖腔孔在它的后端。

3. 四肢　前肢较短而后肢较长，前肢由上臂、前臂和腕、掌、指组成，指间无蹼，雄蛙在春季交尾期第一趾基部有肉瘤，称趾瘤婚垫，有抱雌作用。后肢发达，由大腿及小腿及五趾形成的脚构成，趾间有蹼，以利游泳。

(二) 内部解剖

1. 消化系统（图1-11-1）　蟾蜍的消化系统由消化道及其附属的消化腺组成，消化道包括口腔、食道、胃、肠和泄殖腔等；消化腺包括肝脏和胰脏。

用解剖针从蟾蜍的头部后端，略与眼呈三角形的地方刺进延脑部，将蟾蜍处死。然后将蟾蜍腹面朝上，放在解剖盘内，用剪刀沿腹壁中线稍偏左侧剪开腹壁向前至肩带，向两侧拉开体壁，用大头针将其固定在解剖盘上。

(1) 口腔：用剪刀剪开蟾蜍的口角，使口张大，令口腔全部露开，可观察到以下构造：

① 齿：沿上颌边缘有一行尖锐的牙齿，即凳齿，在口盖的前方有两丛细齿，为梨齿（蟾蜍无齿）。

② 内鼻孔：为口腔顶壁前方外侧的1对椭圆形的孔，与外鼻孔也相通。

③ 耳咽管孔：口咽腔的后端、颌角附近的1对大孔，与中耳相通。

④ 喉门：为下颌的后端，口腔后方的一条纵裂缝。

⑤ 食道开口：咽的最后部位是食道的进口，与咽腔之间无明显界限。

⑥ 声囊孔：在多种种类雄蛙的口腔底部，耳咽管稍前方，有1对小孔为声囊孔。

⑦ 舌骨器：软骨多肉，扁阔而富有黏液，位于口腔底部，前端固着于下颌上，后端游离，呈叉状，能翻出口外捕捉食物。

(2) 食道：很短，开口于喉的背面，下端与胃相连。

(3) 胃：位于体的左侧，形稍弯曲，前端稍粗，后端稍细，有一明显的紧缩部分，即幽门，为胃与小肠的交界处。

(4) 肠：分小肠与大肠。小肠由十二指肠和回肠组成，起于胃后，弯向前方的一小段为十二指肠；自十二指肠向后折，经过几次回旋而达大肠的部分为回肠。大肠膨大而陡直，开口于泄殖腔。

(5) 泄殖腔：较大肠短小，为汇纳肛门、输尿管和输卵管（雌蛙）的管道。泄殖腔的腹面有膀胱开口。

(6) 肝脏：位于胸腹腔的前端，呈红褐色，由较大的左右两叶和较小的中叶组成。在肝脏背面，左右两叶之间有一绿色近圆形的胆囊，内贮胆汁，有两根胆囊管与胆囊相通，一根与肝管连接，接收肝脏分泌的胆汁，一根与总胆管相接，总胆管末端通十二指肠。胆汁经总管进入消化道。

(7) 胰脏：为一条不规则的淡红色或黄白色的管状腺，在胃与肠之间。把肝、胃和十二指肠翻折过来指向前方即可看到胰脏的背面。

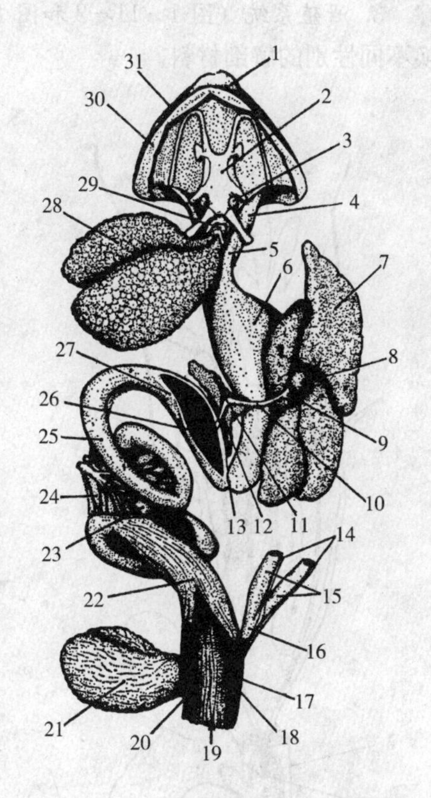

图1-11-1　蟾蜍的消化系统和呼吸系统（自杨安峰）

1. 舌　2. 舌骨器　3. 甲状腺　4. 咽　5. 食道　6. 胃　7. 肝　8. 胆囊　9. 肝管　10. 胆囊　11. 胰管　12. 胰脏　13. 幽门部　14. 输尿管　15. 输卵管　16. 子宫　17. 子宫口　18. 输尿管口　19. 泄殖腔孔　20. 膀胱口　21. 膀胱　22. 直肠　23. 脾脏　24. 肠系膜　25. 小肠　26. 胆管口　27. 十二指肠　28. 肺　29. 喉头　30. 下颌　31. 上颌

2. 呼吸系统（图1-11-1）　成蛙

为肺皮呼吸，肺呼吸的器官有鼻腔、口腔、喉气管室和肺。

（1）鼻腔与口腔：蛙呼吸时，空气自外鼻孔进入鼻腔，经内鼻孔而达口腔，鼻瓣关闭，口底上升而将空气压入喉门。

（2）喉气管室：自喉门向内的短粗的管子。

（3）肺：为1对近似椭圆形的薄囊状物，内壁为蜂窝状，密布血管，具有弹性。

3. 泄殖系统（图1-11-2和图1-11-3） 蛙为雌雄异体，观察时可互换不同性别的解剖材料。

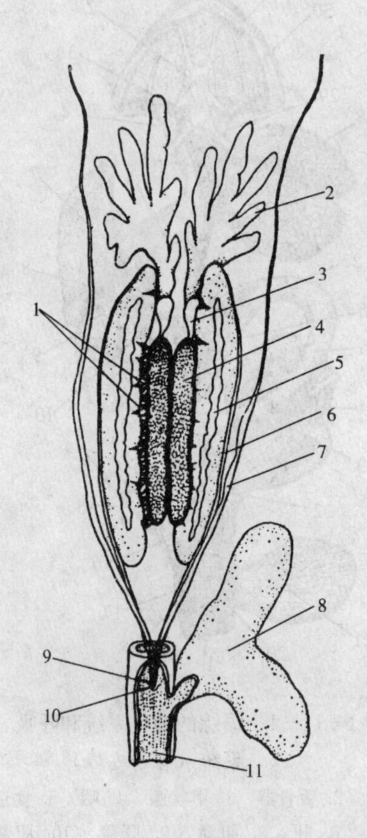

图1-11-2 蟾蜍的泄殖系统（雄性）（自杨安峰）

1. 输精小管 2. 脂肪体 3. 毕氏器 4. 精巢 5. 肾上腺 6. 输尿管 7. 退化的输卵管 8. 膀胱 9. 退化的输卵管开口 10. 输尿管开口 11. 泄殖腔

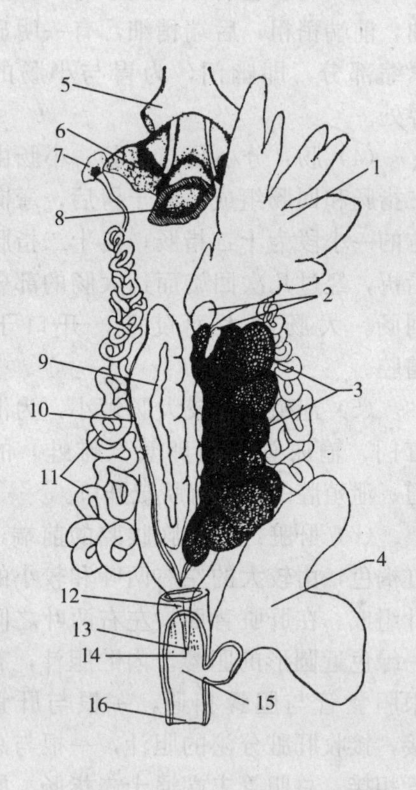

图1-11-3 蟾蜍的泄殖系统（雌性）（自杨安峰）

1. 脂肪体 2. 毕氏器 3. 卵巢 4. 膀胱 5. 胸骨舌骨肌 6. 肺基部 7. 喇叭口 8. 食道 9. 肾上腺 10. 输尿管 11. 输卵管 12. 子宫 13. 输卵管口 14. 输尿管口 15. 泄殖腔 16. 泄殖腔孔

（1）雄性泄殖系统：包括1对肾脏、1对输尿管和精巢、脂肪体等。

① 肾脏：为1对暗红色扁平的器官，位于体腔的后部，贴近脊柱的两侧。肾的腹面镶嵌着一排黄色的肾上腺体。

② 输尿管：由肾的外缘近后端出发，开口于泄殖腔的背侧，此管兼充输精管之用。

③ 膀胱：连附于泄殖腔的腹面，位于体腔后端腹面中央，为一薄壁的两叶状囊。

④ 精巢：1对，位于肾脏的腹面内侧，近淡黄色，卵圆形，其大小常因个体与季节的不同而有差异，自精巢发出的输精管与输尿管相通。

⑤ 脂肪体：在生殖腺的前端，黄色指状，其体积大小在不同季节变化很大。

（2）雌性泄殖系统：雌蛙的排泄系统与雄蛙相似，但其输尿管只作为输关尿液之用。生殖系统包括1对卵巢、1对输卵管和子宫。

① 卵巢：位于肾脏的前端腹面，大小形状因季节不同变化很大，生殖季节极为膨大，内有许多黑色球形卵，卵巢外壁向外有很多皱褶。

② 输卵管：为长大而回曲的管子。位于卵巢的外侧，前端开口紧靠着肺底的旁边，状似漏斗；后端膨大成囊状，称为“子宫”。“子宫”开口于泄殖腔的背面。

4. 循环系统（图1－11－4和图1－11－5）　蛙的循环系统包括血液、心脏、动脉、静脉以及淋巴系统。

（1）心脏：位于体腔的前端，肝的腹面，被包在具有两层囊壁的围心囊中，与体腔完全隔离，由下列几部分构成：

① 心室：圆锥形，心室尖而向后，剖开心脏可见壁较厚的心室基部有一房室孔，以沟通心室与两心房；孔的周围有两片大的和两片小的瓣膜。

② 心房：在心的近前方，左右各1个，其壁甚薄。

③ 动脉圆锥：由心室腹面右上角通出的淡色的管子，其后端稍粗大，与心室相连。

④ 静脉窦：在心脏背面，为一三角形的腔，两前角各接受一前大静脉，后角接受一根后大静脉，此窦开口于后心房，其前缘有很细的肺静脉，注入左心房。

（2）动脉：起自动脉圆锥前方的动脉干，其前端分为左右两支，穿过围心囊后，每支又分为3支，两两对称，分别组成颈动脉弓、肺皮动脉弓。动脉弓再分支最后成为微血管，而与静脉连接。

（3）静脉：由脉静脉和体静脉组成。可分为肺静脉、腔静脉和门静脉。

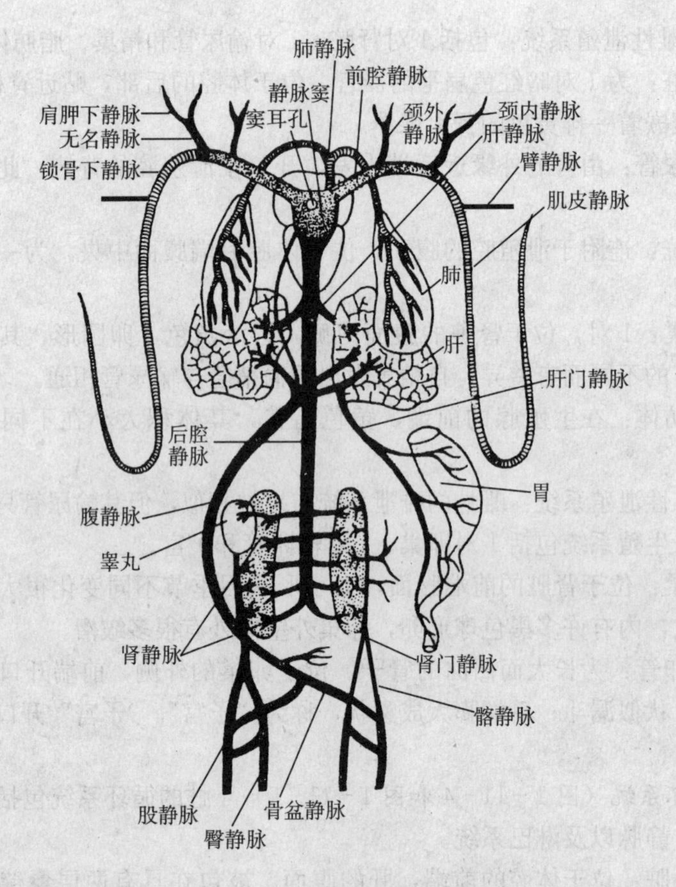

图 1-11-4 蛙的静脉系统（背面观）
（自马克勤）

5. 骨骼系统 蛙的骨骼系统由中枢骨骼（头骨和脊柱）与附肢骨骼组成。

(1) 头骨：头骨是包围脑及感觉器官的骨骼，头骨中容纳脑的腔相当狭小；两侧各有一大形空隙，为眼眶，眼球着生于此。头骨后端有一大孔，称枕骨大孔，脑由此与脊髓相通。

观察头骨的以下部分：

外枕骨：1 对，位于最后方，左右环接，中贯枕骨大孔，每块外枕骨带一光滑的圆形突起，称枕髁，均与第一脊椎骨关节相连。

前耳骨：1 对，位于两外枕骨的侧前方。

额顶骨：是额顶两骨合并而成的 1 对狭长的扁骨，位于外枕骨的前方，介于左右两眼眶之间，构成脑颅顶壁的主要部分。

蝶筛骨：构成颅腔的前壁。

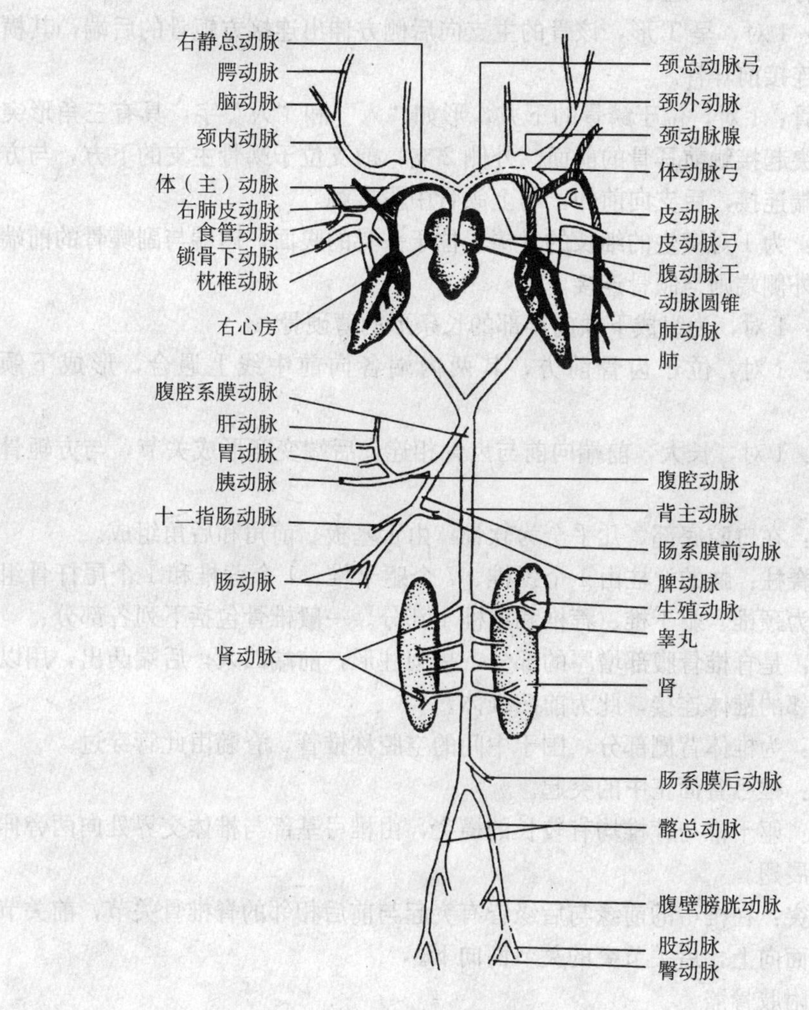

图 1-11-5 蛙的动脉系统（腹面观）

（自马克勤）

鼻骨：为一对三角形的扁骨，位于额顶骨的前方，构成鼻腔的背壁。

犁骨：1对，位于鼻囊的腹面，每块骨的腹面向下各横生两排。

副蝶骨：为脑颅腹面的一块大型扁骨，呈无柄的剑状，其侧部位于前耳骨的下方。

上颌骨：构成上颌外缘，前端与前颌骨相连，后端与方轭骨毗邻。每骨的下面凹陷成沟，沟的外边生有整齐的细齿。

前颌骨：1对，短小。并列于两上颌骨前端之间，其下缘也生有细齿。

方轭骨：1对，短小。分别位于上颚外缘的两旁，与上颌骨相连。

鳞骨：1对，呈T形，该骨的主支向后侧方伸出连接方轭骨的后端，其横支的后端连接前耳骨。

翼状骨：1对，位于鳞骨的下方，形如“入”和“人”字，具有三角形突起，内侧突起接触前耳骨的前面。外侧2支，前支位于鳞骨主支的下方，与方轭骨的后端连接，后支向前伸，与上颌骨中段接触。

颚骨：为1对横生的细长的骨棒，位于头骨的腹面，内端与副蝶骨的前端密接。两外侧端则与颌骨连接。

齿骨：1对，为组成下颌前半部的长条形的薄硬骨。

颐骨：1对，位于齿骨前方，其两内端各向前中线上遇合，形成下颌联合。

隅骨：1对，长大，前端向前与齿骨相连，后端变宽形成关节，与方轭骨相连。

舌骨：在口腔底部，几乎全为软骨，由舌基板、前角和后角组成。

(2) 脊柱：蛙的脊柱由1个颈椎、7个躯干椎、1个荐椎和1个尾杆骨组成，可分为颈椎、躯干椎、荐椎和尾椎4部分。一般椎骨包括下列各部分：

椎体：是脊椎骨腹部增厚的部分，呈圆柱形，前端凹入，后端凸出，用以与前后相邻的椎体连接，此为前凹椎体。

椎弓：为椎体背侧部分，围于中间的空腔称椎管，脊髓由此管穿过。

椎棘：椎弓背面正中的突起。

横突：躯干椎与荐椎均有较长的横突，由椎弓基部与椎体交界处向两旁伸展，状如展翅。

关节突：在椎弓的前缘与后缘皆有突起与前后相邻的脊椎骨关节，前关节突的关节面向上，后关节突的关节面向下。

(3) 附肢骨骼

① 肩带：

上肩胛骨：1对，位于肩带背部，为扁平状骨，其中有钙化软骨和少许软骨。

肩胛骨：1对扁而长的骨，中部较细小，两端扩大，一端与上肩胛骨的下端相连，一端的后端构成肩臼，与上肢的肱骨相连。

锁骨：为1对棒形骨，两内端在腹面中央彼此接近，向外端略向前方弯曲，均与肩胛骨的下端相关节，也构成肩臼的一部分。

乌喙骨：为1对较粗大的棒形骨。位于锁骨的稍后方，与锁骨及肩胛骨一同构成肩臼。

② 胸骨：位于两肩带之间，胸部的腹面中央，有下列各骨：

肩胸骨：位于两锁骨内端的前方，为棒形骨。蟾蜍没有此骨。

上胸骨：位于肩胸骨前方，为半圆形软骨。蟾蜍没有此骨。

上乌喙骨：为1对细条形的软骨，彼此并列，密合于中腹线上，前联肩胸骨，介于两乌喙骨内端之间，蟾蜍两上乌喙骨相重叠排列。

胸骨：为1根细长的棒形骨，两乌喙骨的内端。

剑胸骨：为胸骨后端连接的1块圆形软骨片。

③ 上肢骨：

肱骨：上臂的1根长骨，近端圆大，嵌入肩臼。

桡尺骨：为前臂的1根长骨，是由尺骨和桡骨合并而成。

腕骨：腕部细小的骨。

掌骨：掌部细小的骨。

掌骨：掌部5根较长的小骨。

指骨：接于掌骨的远端。

④ 腰带：蛙的腰带大致呈"V"形。由3块骨骼形成，用以支持下肢，腰带的后部中间与尾杆骨相连接。

髂骨：为1对长形骨，上端与荐椎的横突相连，下端组成髋臼的前半部。

坐骨：位于腰带的后方，两坐骨合并，形成髋臼的后半部。

耻骨：位于腰带的前方，两耻骨合并，组成髋臼的前下部。

⑤ 下肢骨：

肢骨：为大腿部的1根长骨，近端嵌入髋臼内。

胫腓骨：为小腿部的1根长骨，系由胫、腓两骨合并而成。

跗骨：外侧为腓骨（跟骨），内侧为胫骨（距骨）。

蹠骨：为足部的5根长骨。

（三）两栖纲分类

现在生存的两栖动物可分为3个目：无尾目、有尾目和无足目。

1. *无尾目*　为两栖纲中身体结构复杂、种类和数量都很多的类群。

我国常见种类的分科检索如下：

(1) 舌为盘状，周围与口腔黏膜相连，不能自如伸出 ………………………………………………………… 盘舌蟾科（Discoglossidae）

舌不成盘状，舌端游离，能自如伸出……………………………… 2

(2) 肩带弧胸型……………………………………………………… 3

肩带固胸型………………………………………………………… 5

(3) 上颌无齿；趾端不膨大；趾间具蹼；耳后腺存在；体表具疣………

………………………………………………………………………… 蟾蜍科（Bufonidae）

上颌具齿……………………………………………………………………………………… 4

（4）趾端尖细，不具黏盘；耳后腺存在………… 锄足蟾科（Pelobatidae）

趾端膨大，成黏盘状；耳后腺缺失，大部分树栖性 … 雨蛙科（Hylidae）

（5）上颌无齿；趾间几无蹼；鼓膜不显 ………… 姬蛙科（Microhylidae）

上颌具齿；趾间具蹼；鼓膜明显……………………………………………………… 6

（6）趾端形直，或末端趾骨呈 T 字形 …………………… 蛙科（Ranidae）

趾端膨大呈盘状，末端趾骨呈 Y 字形 ………… 树蛙科（Rhacophoridae）

常见种类：

东方铃蟾（*Bombina orientalis*）：属盘舌蟾科或称铃蛙科。鼓膜不存在，瞳孔三角形。体背有刺疣，上具角质细刺；背面呈灰棕色，有时为绿色；腹面具黑色、朱红色或橘黄色的花斑。

大蟾蜍（*Bufo bufo* Linnaeus）：属蟾蜍科。体长一般在 10cm 以上。体粗壮；皮肤极粗糙，全身分布有大小不等的圆形疣；耳后腺大而长，体色变异很大。

中国雨蛙（*Hyla chinensis*）：又名华雨蛙，属雨蛙科。生活时为绿色。体侧及股的前后缘均具有黑斑。

北方狭口蛙（*Kaloula borealis*）：属姬蛙科。皮肤厚，雄蛙腹面有厚腺体；吻圆而短，舌圆口小；前肢细长，后肢粗短。

金线蛙（*Rana plancyi*）：属蛙科。背面具侧皮褶。足跟不互交，大腿后面具明显的白色纵纹。生活时背面绿色，背侧褶及鼓膜棕黄色。

黑斑蛙（*Rana limnocharis*）：属蛙科，俗称青蛙。背面具侧皮褶。足跟不互交。但大腿后面不具白色纵纹。生活时背面为黄绿色或棕灰色，具不规则的黑斑。背面中央有一条宽窄不一的浅色纵纹。背侧褶处黑纹浅，为黄色或浅棕色。

中国林蛙（*Rana chensinensis*）：属蛙科。背面具侧皮褶。两后肢细长，两足跟可互交。两肋无明显黑斑。在鼓膜处有黑色三角形斑。体背及体侧具分散的黑斑点。四肢具清晰的横纹。

2. *有尾目*（Caudata） 国内的有尾目各科检索如下：

（1）眼小，无眼睑；犁骨齿列不成长弧形；沿体侧无纵肤褶……隐鳃鲵科（Cryptobranchidae）

具眼睑；犁骨齿列不成长弧形；沿体侧无纵肤褶……………………………… 2

（2）犁骨齿或为两短列或成“U”字形 …………… 小鲵科（Hynobiidae）

犁骨齿成“A”形……………………………………… 蝾螈科（Salamandridae）

鲵鱼（*Andrias davidianus*）：属大鲵科，又名娃娃鱼。为现存最大的有尾两栖动物，最大可达 180cm。头平坦，吻端圆，眼小，口大，四肢短而粗壮。生活时为棕褐色，背面有深色大黑斑。

中国小鲵（*Salamandrella keyserlingi*）：又名短尾鲵、极北小鲵，属于小鲵科。体较小，不超过 20cm。生活时背面青褐色，中央有黑色带状斑纹。

东方蝾螈（*Cynops orientalis*）：俗名蝾螈，属蝾螈科。头部无角质机嵴棱。体表粗糙，无斑。全长不及 10cm。

四、作　业

绘蟾蜍的内脏器官图。

第十二节　爬行纲——鳖

一、实验目的

熟识爬行纲（Reptile）动物鳖（*Pelodiscus sinensis*）的外形和内部器官基本构造；掌握鳖的解剖技术。

二、材料与用具

解剖盘、骨剪、剪刀、镊子、锯、5ml 的针筒及针头等；氯仿或乙醚。

三、操作方法与观察内容

（一）外部特征

龟鳖目动物的外形分为头、颈、躯、尾和四肢；与其他爬行动物有显著区别的特殊体形构造是具有龟壳，宽短的躯体包涵于龟壳内。龟壳由拱起的背甲和扁平的腹甲构成；腹甲在体侧延伸，以骨缝或韧带与背甲相连；这个伸长部分称为甲桥。头、四肢和尾从龟壳缘伸出，一般均能缩入壳内。背甲和腹甲均由内外两层构成；内层为若干骨板构成，外层为若干角质盾片组成。骨板和盾片的位置和数目不相吻合，因而加强了龟壳的坚固性。鳖科和棱皮龟科完全没有角质盾片，表面覆以革质皮肤。

鳖类为肉质唇。龟鳖目有肌肉质舌，不能伸出，有眼睑及瞬膜，瞳孔圆形。泄殖肛孔圆形或纵裂。交接器单个。

(二) 解剖方法

将活鳖的口腔强行张开，用针筒在喉头开口处向气管中注入氯仿 4～5ml，使鳖麻醉；或向泄殖腔深处注入氯仿也有效。如不用麻醉剂，活体解剖亦可。解剖时，将鳖头部朝外，用锯在鳖的左右两侧背腹甲之间的骨缝处锯断，使背腹甲分离，再用解剖刀割断附在腹甲上的肌肉、皮肤，去掉腹甲，即可见到内脏器官。

(三) 内部构造

1. 骨骼系统

(1) 头骨：鳖的头骨可分为脑颅和咽颅两部分，前者构成保护脑的脑匣和包围特殊器官的囊；后者形成上颌的硬骨和软骨，下颌以及颌的悬浮骨和舌器。构成鳖头骨的各骨块，远较蛙类的粗厚，而互相连接亦更为牢固。

头骨前端具前鼻孔，后鼻孔在口腔顶部；眼窝圆形，分列于头骨前端两侧，后端有一明显的枕骨大孔，孔上方有一很长的骨质突起，直向后伸，名枕骨嵴。头骨后部很宽，而脑腔很窄。眼窝后下方有一弓状物，名颞弓，颞弓所遮盖的空腔即颞窝，前端与眼窝沟通，向后成一宽沟，生活时内盛健壮的关闭下颌的肌肉。前颌骨和上颌骨共同被一角质鞘包围，形成上颌的切缘。

(2) 脊柱：鳖的脊柱融合到背甲骨板上。脊柱分化为颈椎（8 枚）、躯干椎（胸椎加腰椎 10 枚）、荐椎（2 枚）和尾椎（多枚）4 部分。尾部椎骨仍为最原始的，具有椎弓、脉弓和横突。靠前面的尾椎有肋骨，基部有缝纹，表示与椎骨分界。第一尾椎骨连到荐骨上。荐椎皆具荐肋。第一尾椎、两个荐椎和 10 个躯干椎都融合到背甲上，这些椎骨的椎弓都与背甲的椎板连接，躯干部脊椎的肋骨都扩大而融合到肋板的内面。颈椎皆无肋骨，椎体两端特化而形成各种活动关节。前两枚颈椎特化成寰椎和枢椎，构成寰椎和枢椎的各部分仍保持分离状态。寰椎由两个骨块构成环形，腹面的一块名椎腹体（hypocentrun）；背面的大呈弧形，此即相当于一般椎骨的椎弓。寰椎无椎体。寰椎下后方的环孔套在枢椎的齿状突上，使头部转动灵活；寰椎前上方与头骨的单个枕髁关节。枢椎有很大的椎体，前端形成齿状突。

(3) 肢带和附肢骨：

① 肩带和前肢骨：鳖没有胸骨，是由于腹甲的出现，部分胸骨融合于腹甲内面的骨板，尤其是肩带移到肋骨的内部，这在脊椎动物是很特殊的。构成肩带的膜质骨部分亦都融合于腹甲，即两个上腹板和一个内腹板代表两个锁骨和上胸骨（间锁骨）；腹甲的其他部分由腹肋构成。肩带的软骨化骨呈三叉结构，腹面为一个前喙骨，背面为细长的肩胛骨，伸到背甲下面，还有一个由肩

胛骨腹端向前方伸出的突起，名肩胛前突，可代表哺乳动物肩胛骨的肩峰突。

鳖的前肢骨亦具有肱骨、尺骨和桡骨。腕骨接近原始排列情况，常为9块。分成不完整的3行，近端行3块，在尺骨远端有2块小骨，外侧的称尺侧腕骨，内侧的称中间腕骨。腕骨中心占据一长形骨，是由桡侧腕骨和中央腕骨合并而成。这样，位于内侧的为桡侧腕骨。在尺侧腕骨外侧，另有一小粒状骨，名籽骨。腕骨的远端行为5个远端腕骨，每骨对一掌骨。第一掌骨较短而粗；指骨数为2.3.3.3.2。末节指骨支持角质爪。

② 腰带和后肢骨：

腰带：鳖的腰带已完全骨化，亦由3对强健的骨块组成，两对在腹面，一对伸向背侧。整个腰带呈U形，左右耻骨和坐骨在腹中线愈合，形成闭锁式骨盆，生活时这些缝处皆为软骨。伸向背面的一对为肠骨（髂骨），与两荐椎的荐肋作关节。腰带U形的背面则由荐骨封闭，消化系统和泌尿生殖系统的末端，由中间的空隙穿过。每侧耻骨与坐骨之间有一大孔，称耻坐骨间裂隙或闭孔。生活时在左右闭孔之间有一软骨，使彼此分离，这条软骨就连接在耻骨与坐骨之间。

后肢骨：胫骨和腓骨分离，跗骨集中，在胫骨远端有一长形骨，由一系列骨块合并而成，即胫侧跗骨、中间跗骨、腓侧跗骨以及一个或更多的中央跗骨合成。在这复合骨的远端，有一行4个跗小骨，其中第四个跗小骨较宽大，是由原来第四与第五个跗小骨合并而成。在跗小骨远端为5根蹠骨，再后为趾骨，其节数为2.3.3.3.2，末端的趾骨皆具角质爪。鳖和其他爬行类跗关节在两行跗部骨骼之间，这种跗关节称跗骨内关节。

（4）背甲和腹甲的骨板：均来源于皮肤的真皮，并以锯齿状缝与椎骨和肋骨融合在一起。

① 背甲的骨板：

颈板（nuchal plate）：位于最前端，较大，相当于颈盾部位的一块骨板。

椎板（neural scute）：位于颈板后面中央一列，一般为8块。

臀板（pygal）：椎板之后，通常1～3枚，有前后分别称为第一上臀板、第二上臀板和臀板，未连接椎骨。

肋板（costal plate）：列于椎板两侧之长形骨板，左右各有8块，内侧端各连接一肋骨，每板并非完全由肋骨扩大而成。

② 腹甲的骨板：腹甲的骨板主要由9块组成，除内腹板成单外，其余8块均成对，由前至后依次为：

上腹板（epiplastron）：位于前端一对较小，与锁骨同源。

内腹板（entoplastron）：单枚，位于两上腹板的后缘中央，与上胸骨同源。

中腹板（舌板，hyoplastron）、下腹板（hypoplastron）、剑腹板（xiphiplastron），上述 3 对骨板都与腹肋同源。

2. 肌肉系统　中华鳖的躯干部具有背、腹甲，因而体壁是很薄的。切除腹甲后，可见腹壁中央部分为腹直肌和腹横肌，很薄，依稀可见内脏器官，两侧靠近背甲边缘处为腹外斜肌和腹内斜肌。附着肩带和腰带上的肌肉掩盖了腹壁前后端的外侧角。

3. 消化系统（图 1-12-1）

（1）体腔（coeloma）：剪去腹壁，可见体腔或胸腹腔（cavum pleuroperitoneale）。体腔前端正中，颈的基部为围心腔（cavum pericardiale），内有由围心膜覆盖的心脏。围心腔的两侧为大型的肝脏。肝脏之后为其他消化器官，并以横行薄膜相隔，为横隔膜（septum transversum）。两叶肝脏之间为肝韧带（ligamentum hepaticum），与横隔膜相连的为肝冠韧带（ligamentum cornarium hepatis），与胃相连的为胃肝韧带（ligamentum gasrohepaticum），与十二指肠相连的为肝十二指肠韧带（ligamentum hepatoduodenale）。盘曲的小肠、大肠间为肠系膜（mesenterium）。拨开消化器官，尚可见到体腔背面的呼吸器官——肺及泌尿器官——肾脏。如解剖的个体为性成熟雌鳖，则体腔两侧为两个大型卵巢，背面有长大的输卵管。如为性成熟的雄鳖则肾脏旁有大型的精巢和附睾。如解剖个体在非生殖季节，则卵巢、精巢及生殖输管均极小。

（2）消化系统：包括口、口腔、咽头、食道、胃、小肠、大肠、泄殖腔和泄殖腔孔等消化管及肝、胰脏等消化腺两个部分。

① 口及口腔（图 1-12-1）：口位于头部的腹面，吻的基部。上、下颌外包着具有尖锐边缘的角质喙及唇状的皮肤皱褶。上颌的角质喙向口腔做水平延展，覆盖着口腔的顶端，形成硬腭（palatumm durum）。具尖锐边缘的角质喙及强大的运动下颌肌，使中华鳖具有极强的咬力，用以捕捉、咬杀、切割食物。打开口腔，可见口腔顶端盖即硬腭的后面有一对内鼻孔（naris internas），为鼻腔和口腔相通的孔。硬腭以后为软腭（palaturm molle），其向后伸展到咽头，在口腔底部两下颌支之间，有舌。舌很小略呈三角形，由舌骨器的舌内软骨支持。舌上有倒生的锥形小乳突，可防止猎物滑落丢失。舌有助于吞咽。舌黏膜的感觉细胞有感受味觉的作用。

② 咽头：是口腔后面短而宽的管道，咽壁有许多颗粒状的小乳突，黏膜上富有微血管，有辅助呼吸的作用。

③ 食道：是咽以后长而直的管道，沿颈部腹面，在气管的左侧，纵行向后伸入体腔，终止于胃。剖开食道，可见内壁有 8 条纵行的皱褶向管腔突出如

嵴，上面散生着颗粒状的小乳突。食道壁较咽壁厚，伸展性又大，可允许较大的食物通过。

④ 胃：为食道下略为膨大的囊，呈丁字形，前后端较狭，分别为贲门和幽门。剖开胃，可见其内壁细致光滑，有4条纵嵴突。在纵嵴突终止处，有环状排列的幽门括约肌。胃壁的肌肉发达，伸展性较强，可容纳较多食物。

⑤ 小肠：又可分为十二指肠及回肠两部分。十二指肠是胃后面较粗短的一段。剖开后，可见肠壁只有一条纵褶，与胃不同。在纵褶的旁边，有一个圆形的小突起，中间有小孔，是胆管、胰管的开口处。十二指肠以后为较细的回肠，比十二指肠长得多，外观上迂回盘旋，为绳扣状。剖开回肠，肠壁也有一条纵褶。回肠的末端处略膨大为盲肠。中华鳖的盲肠不明显，与肉食性有关。

⑥ 大肠：可分为结肠和直肠两部分。结肠的表面有凹缢痕，与回肠不同，且较回肠为短。剖开肠壁可见背面的5条纵行的细褶。结肠弯向背面，后端接直肠。直肠较粗，壁极薄，内壁无纵褶，较结肠短。其末端膨大为泄殖腔(cloaca)，以一纵裂开口于尾的基部，为泄殖腔孔。

⑦ 肝脏：很大，褐色，分左右两叶，在两叶之间的狭缢处为围心腔。右叶分两小片：前端一片较大，中间埋着一个暗绿色圆形的胆囊（gall bladder)。肝管（ductus hepaticus）通入胆囊。胆管则通入十二指肠。后端一片狭长，向后伸展，约在中段处有右腹静脉通入。左叶分3小片，主片覆在胃和十二指肠的腹面，左腹静脉从其中段通入。另一小片伸向背面，正位于胃和十二指肠相接处。中间还有一小片在十二指肠上方覆盖着胰脏。肝门静脉沿肝十二指肠韧带进入肝右叶。后大静脉进入肝右叶后会合右肝静脉，从前端背面通出，进入右心房背面的静脉窦。左肝静脉则直接进入静脉窦。

⑧ 胰脏：是浅红色不规则腺体，较小，覆盖在十二指肠的前、后及背、腹面，并伸展到回肠的肠系膜上。胰管通入十二指肠，其开口比胆管更靠近胃侧。但两个管口很小，不易分辨。在胃及胰脏的左下方，有一个紫红色椭圆形的腺体，为脾脏（spleen)，是一种造血组织，不属消化系统。

从口腔起到泄殖腔，消化管的总长约70cm，其中食道约占总长的10.4%，胃长占6.2%，十二指肠13.8%，回肠40.3%，结肠17.3%，直肠5.5%。最长的肠段是回肠，为食物消化与吸收的主要场所。盲肠不明显。消化道总长不超过体长的2～3倍，这都与中华鳖的肉食习性有关。

中华鳖的肝脏很大，在腋部及鼠蹊部又有较大的黄绿色脂肪体。这里贮藏的营养提供机体代谢、生长发育冬眠时的需要，与中华鳖能较长时间不取食有关。

中华鳖消化器官的结构特点正反映了它的肉食性，如上、下颌具有锐利边缘的角质喙；舌上有倒生的锥形小乳突；消化管，特别是肠的部分并不很长、又无明显的盲肠等。但它亦兼食一些植物性食物。

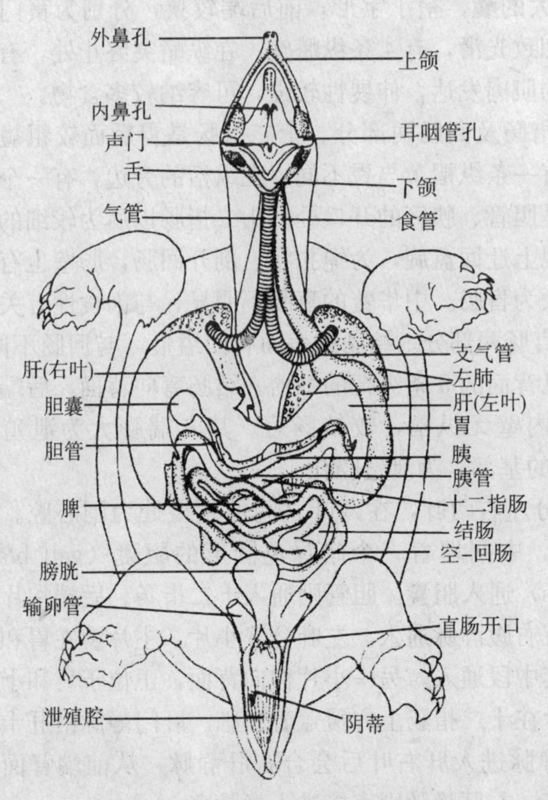

图 1-12-1　鳖的口腔、消化和呼吸系统（自马克勤）

4. 呼吸系统（图 1-12-1）　包括呼吸道和肺等部分。

（1）外鼻孔、鼻腔、内鼻孔：是空气进入喉头的孔道。

（2）喉头：位于舌的后面，由一对较小的勺状软骨及一个较大的环状软骨所支持。前面为喉门（glottis），在舌的基部后方，开口于口腔。后端连接着气管。

（3）气管和支气管：气管较长，由骨环支持，位于颈部腹面，食道的右侧，约在颈部中段处即分作两根支气管。支气管也有骨环支持，向后纵行，伸入体腔，分别进入肺。伴随支气管进入肺的，还有肺动脉和静脉。

（4）肺：为一对黑色的薄膜囊，紧贴在背甲的内侧，其腹面覆盖着结实的腹膜。剥掉腹膜，可见肺的组织很疏松，内部由隔膜分作无数小室，呈蜂窝状。支气管、肺动脉及肺静脉通入肺后，在肺内一再分支，有如分布在叶片上的叶脉。中华鳖的肺很长，前端从肩胛骨与背甲相接处开始，一直伸展到后端靠近髁骨，其容量也较大。

中华鳖的呼吸系统显示了对半水栖生活的适应。和一般龟类一样，由于躯干部具有背腹甲，呼吸运动主要依靠腹壁及附肢肌肉的活动，改变体腔的背腹径，从而改变内脏器官对肺的压力。例如腹横肌收缩时，内脏器官对肺的压力增加，肺内的气体便排出，为呼气。腹斜肌收缩时内脏器官对肺的压力减少，外界空气便通过呼吸道进入肺，为吸气。半水栖的中华鳖，头部前端有长吻，只将吻端的外鼻孔露出水面，就可进行呼吸。它的肺较大，呼吸间隙期亦较长。特别在潜入水中后，可在水底维持很长的时间，不到水面呼吸。据报道，这和它的代谢水平较低、心跳慢，对血液中二氧化碳的敏感性差，以及缺氧时以厌氧性的糖酵解来获得能量等生理特性有关。此外，口咽腔及副膀胱壁的黏膜上都有许多微血管，它在水中时，口咽腔和副膀胱不断唧水和排水，微血管中血液可从水流中获得氧，排出二氧化碳，进行辅助性呼吸。中华鳖在水中做浮沉运动时，除利用附肢外，还通过改变肺内气体量和泄殖腔及膀胱内的贮水量，来调节身体的比重。初孵幼鳖需氧量较多，对水中由于有机物腐败而产生的甲烷、硫化氢、氨等尤为敏感。饲养时无论幼鳖或成鳖，均需注意清除池内食物残渣，保持池水洁净，以免造成中毒和细菌性病害。

5. 尿殖系统（图 1-12-2，图 1-12-3）

（1）泌尿系统：在体腔背壁，肺的后端，有一对扁平椭圆形、周围略有缺刻的红褐色肾脏。肾脏的内侧有肾动脉和肾静脉通入，外侧有肾门静脉通入，是主要的泌尿器官。从肾脏腹面通出一根白色的输尿管，纵行向后，直达泄殖腔。在泄殖腔的腹面，有一个双叶的薄膜囊，为膀胱，以狭小尿道通入泄殖腔。肾脏的腹面还有一条深黄色的腺体，为肾上腺。副膀胱为一对薄膜囊，从泄殖腔通出。充盈时副膀胱突出于鼠蹊部或后肢的股部，囊壁有微血管，有辅助呼吸作用。

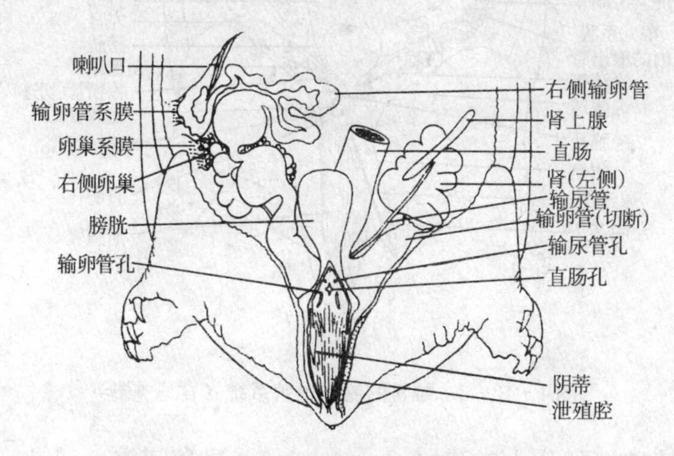

图 1-12-2　雌鳖的泌尿生殖系统（自马克勤）

（2）生殖系统：

① 雌性生殖系统（图 1-12-2）：在体腔背壁有一对囊状的卵巢，以卵巢

系膜牵附于体腔背壁的腹膜上。卵巢旁为一对白色的输卵管，以输卵管系膜牵附于体腔背壁。输卵管的后端通入泄殖腔。在泄殖腔的腹壁内侧，有一个小突起，为阴蒂。成熟的个体，卵巢很大，除有 10～20 个大形黄色的成熟卵外，还有大小不一、发育程度不同、数以百计的卵，充塞在体腔的两侧。输卵管也长而大，前端膨大为喇叭口开口于体腔的背中线，靠近肺门处。输卵管本身弯曲盘旋向下，后端膨大为子宫，开口于泄殖腔。未成熟个体的卵巢小，橙黄色，内含小形卵粒，输卵管亦很小，发育不全。

成熟的卵从卵巢排出到体腔，再从喇叭口进入输卵管。在输卵管内与精子相遇而受精。受精卵顺输卵管而下，接受管壁分泌的少量蛋白质形成卵壳膜，又接受石灰质形成卵壳。卵为白色球形，直径为 1.5～2cm，卵壳很薄。

② 雄性生殖系统（图 1-12-3）：在体腔背壁的后方，肾脏的前面，有一对浅黄色长卵圆形的精巢。精巢旁是三角锥形、由白色小管迂回盘旋而成的附睾。从附睾通出的输卵管，开口于泄殖腔。在泄殖腔的两侧有一对紫黑色的球形囊，为阴茎海绵体。在两海绵体的中间向后伸出一个肌肉质的棒状物为阴茎（penis），阴茎平时收藏在泄殖腔内。它的末端为阴茎龟头（glans peni），深褐色，展开时为 5 个尖形小瓣，而其他龟类为 3 个。合拢时有如一朵合瓣花。在未成熟的个体中，精巢、附睾及阴茎均极小。

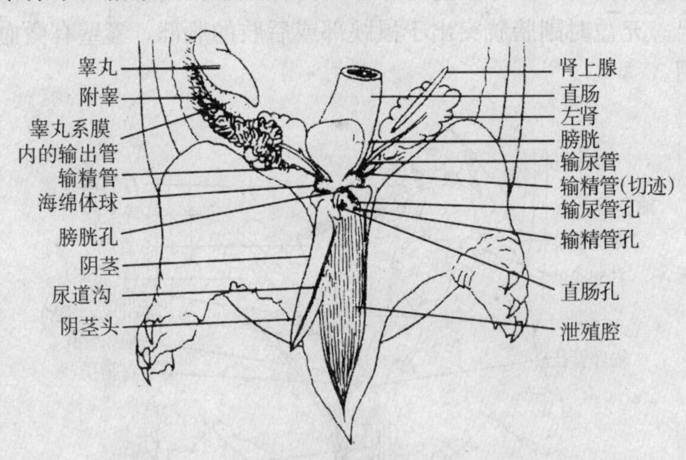

图 1-12-3 雄鳖的泌尿生殖系统（自马克勤）

③ 泄殖腔：可分为粪道（coprodaeum）、尿殖道（urodaeum）及肛道（proctodaeum）3 部分。将泄殖腔剖开或将膀胱从尿道处翻起，可以分辨出背面前方是直肠的开口；腹面在尿道旁有一对泌尿乳突，为输尿管的开口；后面还有一对生殖乳突，为输精管或输卵管的开口。

6. 感觉器官

（1）嗅觉器官：中华鳖头部前端有长吻，吻端有一对鼻孔，吻的基部腹面有口。剪开吻背面的皮肤和一部分前额骨，可见到鼻腔。鼻腔正中有一纵隔，为鼻间隔（seprum nasi)。从外鼻孔一端起，鼻腔可分为鼻前庭、嗅囊、鼻咽道等部分。鼻咽道为狭管，位于眼窝的腹面。拨开眼球，方可见到，嗅囊呈卵圆形，其腹侧部为呼吸道，通鼻咽道；其背侧有嗅黏膜。从这里发出两束嗅神经，向后伸展，直达大脑半球前端的嗅叶。中华鳖在水中生活，主要依靠嗅觉探知食物和水中有害的化学物质，故嗅觉比较发达。和蜥蜴、蛇等爬行动物不同，中华鳖的犁鼻器在成体已经退化。它的舌很短，并不伸出口外，这种辅助性嗅觉器官亦不存在。

（2）视觉器官：中华鳖的视觉器官为眼，并没有其他爬行动物所有的顶眼。眼很小，位于头部两侧，靠近背面的较高位置。左右两眼间的距离仅为眼窝水平径的1/2。眼具有眼睑和瞬膜，上眼睑很厚，下眼睑较薄，其内侧形成一片纵行的皱褶。下眼睑以内是一片半透明的瞬膜。下眼睑和瞬膜向上推移，便覆盖眼球。在眼的前方腹面还有瞬膜腺分泌油状液于瞬膜和眼球间，以润滑眼球。还有泪腺，但没有鼻泪管（canalis nasolacrimalis)，故泪液不排入鼻腔。眼球很小，由6块小形的眼肌附着在眼窝壁即额骨的内侧。眼球最外面一层为角膜和巩膜。角膜在眼球前面，薄而透明，很小；巩膜在眼球后面，厚坚实，内含骨片，视神经从中央发出。贴近巩膜内侧的一层是脉络膜，上面分布着微血管。它的内侧还有一层视网膜，很薄，与脉络膜黏附在一起，很难分清。在角膜和巩膜相交界处，脉络膜在角膜的后面形成一圈伸向眼内腔的垂帘样的皱褶，为虹膜，内含色素，故呈黑色，中间有一孔为瞳孔。虹膜的后面是一个透明小球形的晶状体。晶状体的前面略平坦，后面突出为球面，由一圈从脉络膜伸展的睫状体（processus ciliares）牵附在眼内腔的中间，晶状体的前后充满着水状液和玻璃胶。梳状突（processus pectinealis）未见到。

（3）听觉器官：包括内耳和中耳两部分。中耳由鼓膜和耳柱骨或镫骨组成，位在中华鳖的头部两侧，由方骨所形成的鼓室内，从外部看，在鳖头部两侧靠近下颌关节处有1对略向内陷的皮肤圆斑，即鼓膜正在鼓室的外侧。拨开鼓膜，可见内侧附着1块圆形的软骨薄片，为外耳柱软骨。外耳柱软骨的中央，连着1根细小的棒状骨为耳柱骨。耳柱骨的另一端，有1个杯状小盘，正抵方骨鼓室的内侧。剪开方骨、前耳骨和后耳骨，可见里面有一小腔为内耳所在。内耳有3个透明的小管着生在1个很小的侧扁三角形囊上。3个透明小管为半规管，其中有2个作垂直方向排列，1个作水平方向排列。垂直半规管和水平半规管相连接处，有膨大呈球形的罅。侧扁的三角形囊为椭圆囊。椭圆囊下为球状囊及细长的瓶状囊。整个内耳体积很小，外面包着围淋巴囊，囊内有围淋巴液。内耳内腔也充满着内淋巴液（endolymph）。听神经穿过脑颅的神经孔分布在内耳。因内耳位于小脑的两侧，贴近小脑，故从延脑发出的听神经很短。

（4）其他感觉器官：皮肤有神经末梢或触觉小体，能感受水压变化及机械刺激。口腔、舌、咽、黏膜感受器可感受来自食物的各种刺激。

中华鳖的感觉器官和神经系统与其他龟类比较，并无明显不同。由于半水栖和肉食性，在各感觉器官中，以嗅觉较为敏感。嗅囊较大，嗅黏膜发出的两束嗅神经一直伸展到嗅叶。裸露的皮肤如背甲外缘的鳖裙，感受水流压力和各种机械刺激也较为灵敏。这些与中华鳖在水中的捕食活动及遇到敌害时很快做出防御的反应有关。中华鳖的脑重与体重比较所占比例较小。较大的嗅叶和大脑半球的原脑皮及古脑皮都是嗅觉中枢。大脑半球虽最大，但顶壁薄，而纹状体较发达，是躯体肌肉活动调整和各种本能行为的中枢。视叶小和视觉不发达有关。和一般陆地的龟类比较，中华鳖的小脑较大，这是由于在水中游泳时附肢活动需要更完善的调整的缘故。

7. 神经系统　中华鳖的脑很小，外包着两侧脑膜：硬脑膜（dura mater encephali），厚而坚韧，有色素；软脑膜（pia mater encephali）薄而透明，表面分布着许多微血管。软脑膜在间脑和延脑的背面，分别和间脑松果体及延脑的顶壁粘连在一起，并内凹组成前、后脉络丛（plexus choroiideus anterior&posterior），伸入脑室。从背面观察，脑可分作下列6部分：

（1）嗅叶：位在脑前端，1对，狭长圆锥形，前端与来自嗅囊的嗅神经相连。

（2）大脑半球：1对卵圆形，比嗅叶宽大得多。前端与嗅叶相连处有较浅的横缢隔开。表面光滑，后端包围着中脑的视叶。

（3）中脑：背面可见1对卵圆形的视叶，较小，为大脑半球的后段所包围。

（4）小脑：1个，较大，椭圆形。前端与视叶和大脑半球的后端相连。

（5）延脑：紧接小脑的后面，前端较宽，后端较窄。背壁与软脑膜粘连并内凹为后脉络丛。揭除后，显现第四脑室或菱形窝。

将脑从脑颅中提起，或除去脑颅的底壁，除上述各部分外，可见间脑腹面的脑漏斗（infundibulum）和脑垂体（hypophysis）。脑漏斗的上面有视交叉。延脑的腹面有外旋神经和舌下神经的根部，侧面还有7对脑神经的根部。

8. 循环系统　心脏位于体腔前端，介于两叶肝脏之间，由两心房一心室构成。心室壁的肌肉发达，与扬子鳄不同的是，其内的隔膜不完整，将心室分为两半。静脉窦退化，成为右心房的一部分。

由心脏发出的动脉弓有 3 条：肺动脉弓（始于心室右侧）、左主动脉弓（始于心室中央）、右体动脉弓（出自心室左侧），其中颈动脉由右体动脉发出。心室收缩时，右侧缺氧血与左侧含氧血可暂时分开，但中间仍有一小部分混合血。

静脉与两栖类相似，但由尾静脉入肾的肾门静脉趋于退化，加速了血液循环的流速。

示教标本观察：中华鳖、乌龟、海龟、大头平胸龟、扬子鳄。

第十三节　鸟纲——家鸽的骨骼观察及内部解剖

（附：家鸡的外形观察和内部解剖）

一、实验目的

通过观察和解剖，掌握鸟纲（Aves）动物适应于飞翔生活的形态和结构，并进一步熟练解剖技能。

二、实验内容

1. 家鸽的骨骼观察。
2. 家鸽的内部解剖。

三、材料与用具

活家鸽（*Columba livia*）雌雄各约一半；鸽的骨骼标本；解剖盘、骨剪、剪刀、镊子等。

标本的麻醉及处死方法：在实验前 20～30min，用少量脱脂棉浸以氯仿或乙醚缠于鸽的嘴基使之完全麻醉；或将鸽的整个头部浸入盛水的桶内，几分钟后窒息而死。

四、操作方法与观察内容

（一）家鸽骨骼系统的观察（图 1-13-1）

本实验以解剖操作为重点。骨骼系统以了解鸟类与适应飞翔生活有关的大

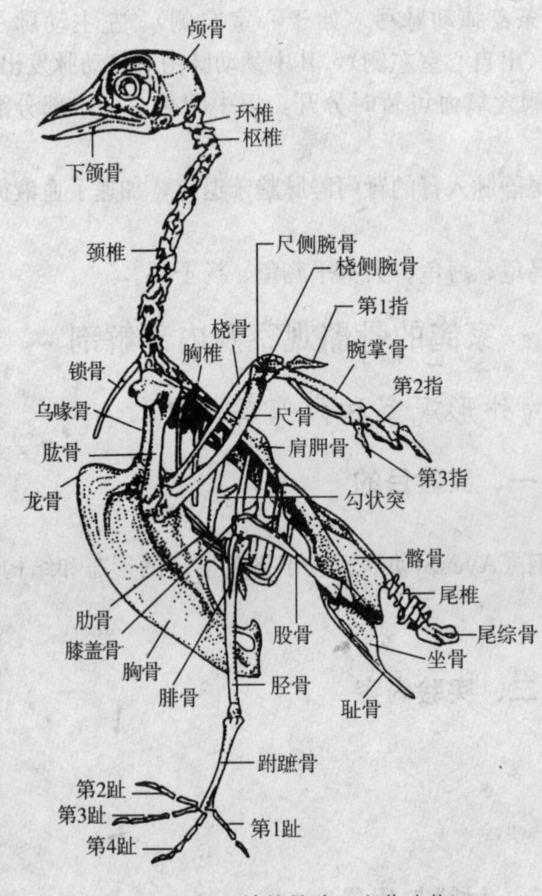

图 1-13-1 鸽的骨骼（自黄诗笺）

体结构为主，对于头骨等局部的骨块数目和名称不要求记忆。

1. 脊柱 区分颈椎、胸椎、腰椎、荐椎和尾椎。除颈椎及尾椎外，鸟类的大部分椎骨愈合在一起，使其背部更为坚强而便于飞翔。

(1) 颈椎：14 枚，彼此分离。第一、第二颈椎特化为寰椎与枢椎。取单个颈椎（寰椎与枢椎除外）观察椎体与椎体之间的关节面。观察其上面和侧面有何不同？鸟类的颈椎为何种形状？有何功能？

(2) 胸椎：5 个胸椎互相愈合，每一胸椎与 1 对肋骨相关节。鸟类与鱼类的肋骨相比有何区别？

(3) 愈合荐骨（综荐骨）：由胸椎（1 个）、腰椎（5～6 个）、荐椎（2 个）、尾椎（5 个）愈合而成。

(4) 尾椎：在愈合荐骨的后方有 6 个比较分离的尾椎骨。

(5) 尾综骨：位于脊柱的末端，由 4 个尾椎骨愈合而成。

2. 头骨 鸟类头部的骨骼多由薄而轻的骨片组成，骨片间几乎无缝可寻（仅于幼鸟时，尚可认出各骨片的界限）。头骨的前部为颜面部；后部为顶枕部，后方腹面有枕骨大孔。头骨的两侧中央有大而深的眼眶。眼眶后方有小的耳孔。注意上颌与下颌向前延伸形成喙，不具牙齿。

3. 肩带、前肢及胸骨

(1) 肩带：由肩胛骨、乌喙骨和锁骨组成，非常健壮，分为左右两部，在腹面与胸骨连接。

① 肩胛骨：细长，呈刀状，位于胸廓的背方，与脊柱平行。

② 乌喙骨：粗壮，在肩胛骨的腹方，与胸骨连接。

③ 锁骨：细长，在乌喙骨之前，左右锁骨在腹端愈合成1个“V”字形的叉骨。生活时上端与乌喙骨相连，下端由韧带与胸骨相连。叉骨为鸟类特有，想想它有什么功能?

④ 肩臼：由肩胛骨和乌喙骨形成的关节凹，与肱骨相关节。

(2) 前肢：对照教材上的图认识肱骨、尺骨、桡骨、腕骨等骨骼的形状和结构，注意其腕掌骨合并及指骨退化的特点。

(3) 胸骨：为躯干部前方正中宽阔的骨片，左右两缘与肋骨连接，腹中央有1个纵行的龙骨突起。

4. 腰带及后肢

(1) 腰带：构成腰带的髂骨、耻骨、坐骨愈合成无名骨。髂骨构成无名骨的前部，坐骨构成其后部。耻骨细长，位于坐骨的腹缘。开放型骨盆。

(2) 后肢：对照教材上的图，注意胫骨与跗骨合并成胫跗骨。跗骨与跖骨合并成跗跖骨。两骨间的关节为跗间关节。注意趾骨的排列情况。

(二) 家鸽的内部解剖

解剖标本之前，先观察家鸽呈纺锤形的躯体。全身分头、颈、躯干、尾和附肢5部分。除喙及跗蹠部具角质覆盖物以外，全身被覆羽毛。头前端有喙，上喙基部的皮肤隆起叫蜡膜。蜡膜下方为外鼻孔。眼具活动的眼睑及半透明的瞬膜。眼后有被羽毛遮盖的外耳孔。前肢特化为翼。

用水打湿腹侧的羽毛，然后拔掉。在拔颈部的羽毛时要特别小心，每次不要超过2～3枚，顺着羽毛方向拔。拔时以手按住颈部的薄皮肤，以免将皮肤撕破。把拔去羽毛的鸽放于解剖盘里。注意羽毛的分布，并区分羽区与裸区。羽毛分区在飞翔时有何意义?

沿着龙骨突起切开皮肤。切口前至喙基，后至泄殖腔。用解剖刀钝端分开皮肤；当剥离至嗉囊处要特别小心，以免造成破损。分离完毕后，将皮肤翻向外侧，即可见到气管、食道和胸大肌。

沿着龙骨两侧及叉骨边缘，小心切开胸大肌，留下肱骨上端肌肉的止点处，下面露出的肌肉是胸小肌。用同样方法把它切开，试牵动肌肉了解其机能。然后沿着胸骨与肋骨相连的地方用骨剪剪断肋骨，将乌喙骨与叉骨联结处用骨剪剪断。将胸骨与乌喙骨等一同揭去，即可见到内脏的自然位置（图1-13-2)。

1. 消化系统

(1) 消化道：

① 口腔：剪开口角进行观察。上下颌的外缘生有角质喙。舌位于口腔中，

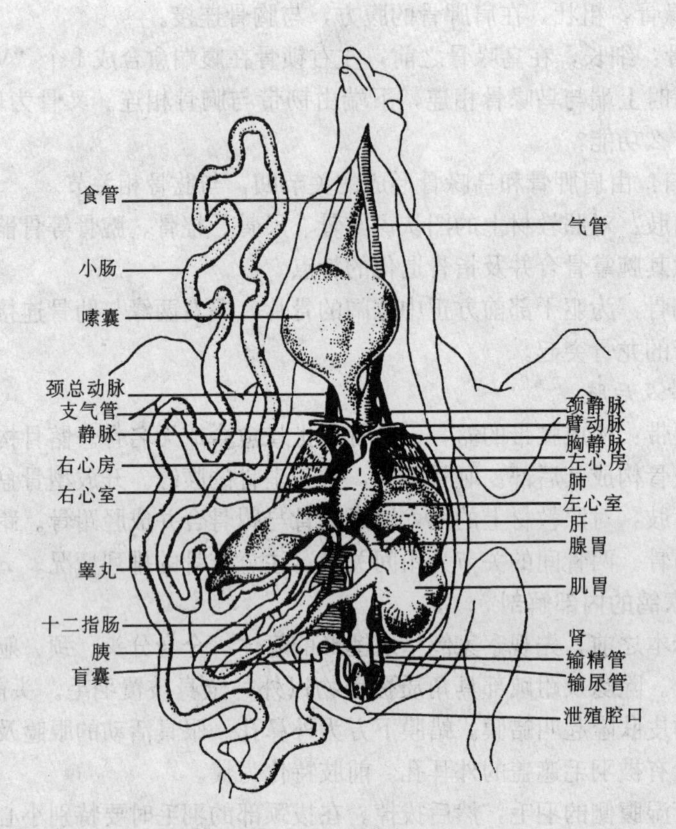

图1-13-2 鸽子的内脏（腹面观）
（自马克勤）

前端呈箭头状。在口腔顶部的两个纵走的黏膜褶壁中间有内鼻孔。口腔后部为咽部。

② 食道：沿颈的腹面左侧下行，在颈的基部膨大成嗉囊。嗉囊可贮存食物，并可部分的软化食物。

③ 胃：鸽的胃由腺胃和肌胃组成。腺胃又称前胃，上端与嗉囊相连，呈长纺锤形。穿过心脏的背方，被肝的右叶所盖。其右侧有卵圆形的脾脏，贴于肠系膜上。剪开腺胃观察内壁上丰富的消化腺。肌胃又称砂囊，上连前胃，位于肝脏的右叶后缘，为一扁圆形的肌肉囊。剖开肌胃，检视呈辐射状排列的肌纤维。肌胃胃壁硬厚，内壁覆有硬的角质膜，呈黄绿色，内藏砂粒用以磨碎食物。

④ 十二指肠：在前胃和肌胃的交界处，呈U形弯曲（在此弯曲的肠系膜内，有胰腺着生）。找寻胆管和胰管的入口处。

⑤ 小肠：细长，盘曲于腹腔内，最后与短的直肠连接。

⑥ 直肠（大肠）：短而直，末端开口于泄殖腔。在其与小肠的交界处，有一对豆状的盲肠。鸟类的大肠较短，不能贮存粪便。

（2）消化腺：观察鸽的肝脏共有几叶？家鸽不具胆囊。在肝脏的右叶背面有一深的凹陷，自此处伸出两支胆管注入十二指肠。

2. 呼吸系统

（1）外鼻孔：开口于腊膜的前下方。

（2）内鼻孔：位于口顶中央的纵走沟内。

（3）喉：位于舌根之后，中央的纵裂为喉门。

（4）气管：一般与颈同长，以完整的软骨环支持。在左右气管分叉处有一较膨大的鸣管，是鸟类特有的发声器官。

（5）肺：左右两叶。位于胸腔的背方，为 1 对扩展力较小的实心海绵状体。

（6）气囊：与肺连接的数对膜状囊，分布于颈、胸、腹和骨骼的内部（可参看示范标本）。

3. 循环系统（图 1－13－3）　心脏位于躯体的中线上，体积很大。用镊子拉起心包膜，然后以小剪刀纵向剪开。从心脏的背侧和外侧除去心包膜，可见心脏被脂肪带分隔成前后两部分。前面褐红色的扩大部分是心房，后面颜色较浅的为心室。靠近心脏的基部，把余下的心包膜、结缔组织和脂肪清理出去，暴露出来的两条较大的灰白色管子是无名动脉。无名动脉分出颈动脉、锁骨下动脉、肱动脉和胸动脉，分别进入颈部、前肢和胸部（锁骨下动脉，为无名动脉的直接延续）。用镊子轻轻提起右侧的无名动脉，将心脏略往下拉，可见右体动脉弓走向背侧后，转变为背大动脉。沿途发出许多血管到其他内部器官。

再将左右无名动脉略略提起，可见下面的肺动脉分成两支后，绕向背后侧而到达肺脏。

此外，在左右心房的前方可看到两条粗而短的静脉干，为前大静脉。前大静脉由颈静脉、肱静脉和胸静脉汇合而成。这些静脉差不多与同名动脉平行，因而容易看到。将心脏翻向前方，可见一条粗大的血管由肝脏的右叶前缘通向右心房，这就是后大静脉。

从实验观察中可以看到鸟的心脏体积很大，并分化为 4 室，静脉窦退化，体动脉弓只留下右侧的一支。因而动、静脉血完全分开，建立了完善的双循环。

4. 泌尿生殖系统

（1）排泄系统：

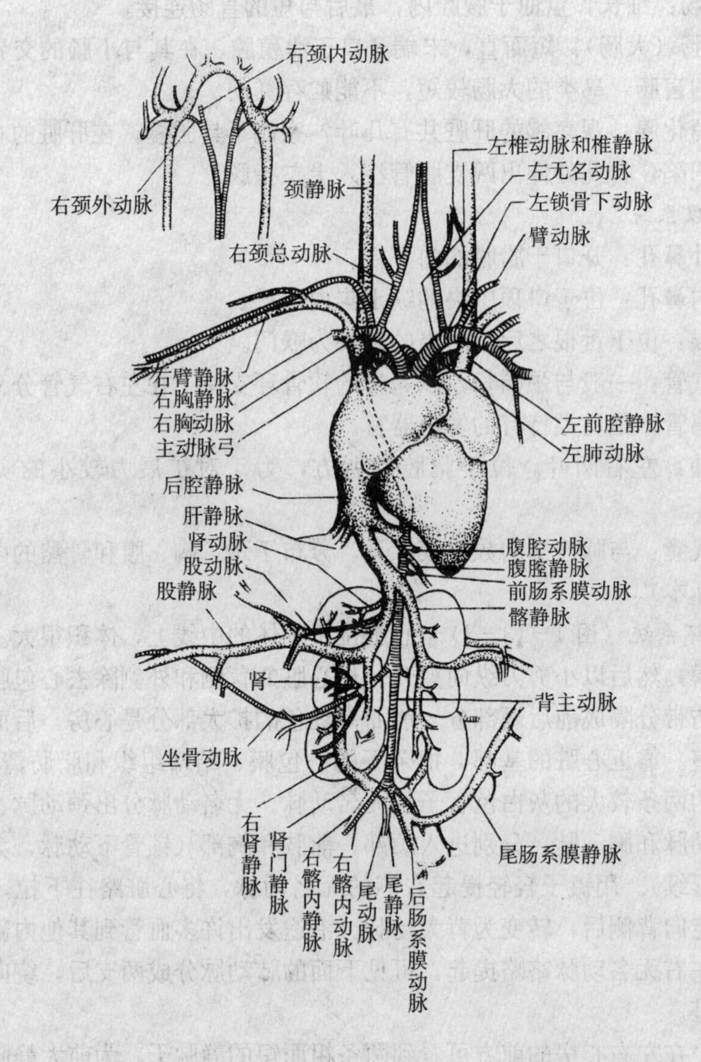

图 1-13-3 鸽子的循环系统（自马克勤）

① 肾脏：紫褐色，左右成对，各分成 3 叶，贴附于体腔背壁。

② 输尿管：沿体腔腹面下行，通入泄殖腔。鸟类不具有膀胱。

③ 泄殖腔：将泄殖腔剪开，可看到腔内具 2 横褶，将泄殖腔分为 3 室：前面较大的为粪道，直肠即开口于此；中间为泄殖道，输精管（或输卵管）及输尿管开口于此；最后为肛道。

(2) 生殖系统（可交换雌雄标本观察）

① 雄性：具成对的白色睾丸。从睾丸伸出输精管，与输尿管平行进入泄

殖腔。多数鸟类不具外生殖器。

② 雌性：右侧卵巢退化。左侧卵巢内充满卵泡。有发达的输卵管。输卵管前端借喇叭口通体腔；后方弯曲处的内壁富含腺体，可分泌蛋白和卵壳；末端短而宽，开口于泄殖腔。

附：家鸡（*Gallus gallus domestica*）的外形观察和内部解剖

（一）家鸡的外形观察

鸡的身体与一般鸟类一样被羽，这些羽在颇大程度内掩盖了鸟类身体原来的轮廓，而使它成为流线型。

1. 鸡的身体　可以区分为头、颈、躯干、四肢和短的尾部。

头的前端为一长形的喙，由上下颌伸延而成，上覆以角质的鞘，上喙的基部有一裂缝状的外鼻孔。眼大而有上下眼睑及瞬膜，瞬膜在眼眶的前上角。耳位于眼的后下方，已有外耳道形成，但被羽掩盖。

颈部长而易于弯曲。躯干略呈卵圆形并有两对附肢，前肢特化为翼（或称翅膀），后肢的下端部分被覆着角质鳞。

尾缩短成小的肉质突起，在尾的背面有尾脂腺，是裸出还是被羽？有何功用？在尾的下面有泄殖腔孔。

观察尾羽？数目多少（尾羽数是分类标准之一）？

2. 羽　可分3种类型：

（1）正羽（翮羽）：此种羽成片状，正羽中央具一硬轴叫做羽轴，羽轴末端有翮，中空而透明，插入于皮肤之中。羽轴左右有一扩展的薄片称为翈。

（2）绒羽：幼鸟全身被覆绒羽，成鸟中游禽及猛禽特别发达。这种羽位于正羽下，甚短，羽轴细长，不明显，羽枝柔软，羽枝松散似绒，故名绒羽。绒羽保温力长，和保持体温有关。

（3）毛羽（纤羽）：数量很少，多在嘴角旁或在剥去正羽与绒羽后的鸟体可以看见。

在翼的后喙着生的正羽特别发达叫做飞羽，它对飞翔起着非常重要的促进作用。

飞羽又分初级飞羽、次级飞羽和三级飞羽。初级飞羽着生在腕掌骨和指骨上，次级飞羽着生在尺骨上，三级飞羽着生在肱骨上，着生尾部的正羽为尾羽。羽是鸟类的主要外骨骼，除羽外尚有角质鳞片被覆在跗翮部及脚趾之上。鸟类的羽是由爬行类的鳞演变而来的。

羽毛分布在身体上一定的部位即羽区内，在羽区之间有裸区。

（二）家鸡的内部解剖

解剖方法：把杀死的鸡腹部向上放在解剖盘上，用湿纱布浸湿腹部的羽，然后拔去颈、胸和腹部的羽。用解剖刀沿着胸骨的龙骨突起切开皮肤，向前延长切口至下喙的末端，向后至泄殖腔。用解剖刀柄把整个腹面的皮肤和肌肉分离开，向两侧拉开皮肤，观察内部器官。

1. 肌肉系统

（1）大胸肌：一对，甚大，乃是主要的飞翔肌肉，起于龙骨，止于肱骨上部。功用：使翼下降。

（2）小胸肌（锁骨下肌）：在大胸肌之下沿龙骨突切开大胸肌可见此肌，起于胸骨前部，经过肩带，止于肱骨。功用：使翼上升。

2. 呼吸系统　从泄殖腔孔向前纵行剪开腹部肌肉，继续向前沿龙骨的右侧将胸骨剪断，同时也剪断肩带，小心不要伤及内脏，同样剪断左侧胸骨，如此可将胸骨中间部分小心去掉，不要移动内脏，以免弄坏气囊。

剪开两侧嘴角，打开口腔，拉出舌尖，在它后方中央有一孔为喉门。喉门连接气管，气管位于颈部腹面皮肤下，由完整骨质环组成。气管又分为两个短的支气管，连接到肺。在气管将分成两支气管的地方，形成一膨大的腔，就是鸣管，为鸟类的发声器官。从喉门插入玻璃管，吹气可见腹部上升，这是由于空气流入气囊。

观察鸡（或鸽）气囊标本（示例）：气囊是肺壁突出的薄膜囊，分布于颈、锁骨间、胸、腹和骨骼内。气囊都有什么功用?

去掉胸廓前壁，观察肺。鸟肺位于胸腔内，为一红色海绵状结构。它不像两栖类的囊状肺和爬行类的蜂窝状肺那样简单。肺除构造较为复杂外，还有许多气囊与之相连，因而在飞翔时可以进行双重呼吸。

3. 循环系统　靠胸骨背面有一很薄的围心囊，包围心脏，剪开围心囊，观察心脏。鸟的心脏有两厚壁的心室和两薄壁的心房构成，这样便使还原血和氧化血不混合。鸟类心脏比较大，心跳很快，这都与飞翔时强烈运动相适应的。

观察动脉系统时，可参看示例。稍微提起心脏，即可看见有左心室发出向右弯曲的体动脉弓——右体动脉弓（哺乳类向左），向前分出两条无名动脉，然后继续向右弯曲，绕过右支气管而到心脏的背面，则为背大动脉，沿脊柱下行。每支无名动脉又分出颈动脉及到前肢的锁骨下动脉和至胸部去的胸动脉。

肺动脉由右心室发出，位于无名动脉的背侧，分左右 2 支分别进入左右肺。主要静脉有前大静脉一对，后大静脉一条，均汇入右心房；肺静脉回到左心房。

取出心脏纵剖之，鸟的心脏是否为完全隔开的两心房、两心室？

4. 消化系统（图 1－13－4）　气管的背面有一很长的食道，沿食道向后为宽大的嗉囊，再下为腺胃，其后为肌肉很厚的肌胃。肌胃之后依次为十二指肠、长的小肠以及短的大肠。大小肠之间为一对盲肠。大肠直接开口于泄殖腔。在幼鸟的泄殖腔下部背壁上向外突出的一个盲囊，叫腔上囊。在十二指肠部分有胰脏。肝脏分左右两大叶，有胆囊（鸽无胆囊）。

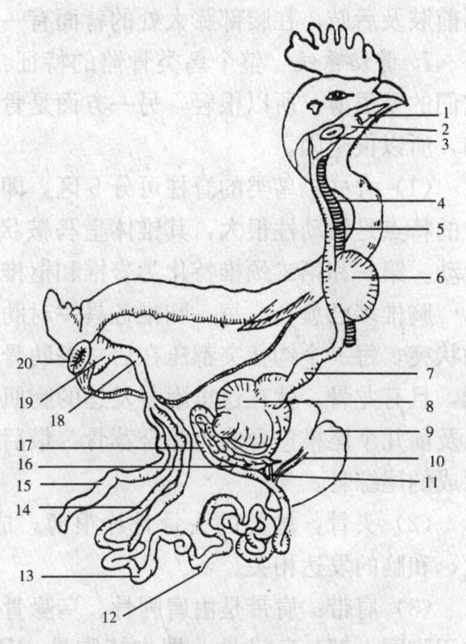

图 1－13－4　鸡的消化系统（自杨安峰）
1. 舌　2. 咽　3. 喉门　4. 气管　5. 食道　6. 嗉囊　7. 腺胃　8. 肌胃　9. 肝　10. 肝管　11. 胰管　12. 卵黄蒂　13. 空肠　14. 回肠　15. 盲肠　16. 胰　17. 十二指肠　18. 直肠　19. 泄殖腔　20. 泄殖腔孔

剪开嗉囊、腺胃及肌胃，比较其内部结构有什么不同？

嗉囊是临时贮存食物的地方，能分泌一种液体，以湿润食物。腺胃（又称前胃）壁薄，内壁富有消化腺，分泌消化液消化食物。肌胃（又称沙囊）壁厚，其内壁有硬的角质膜，肌胃内有小石子，食物在此进行机械的加工。比较它们对食物的不同的消化作用。

5. 泄殖系统　除去消化道，观察鸡的泄殖系统。鸟类的肾脏（后肾）呈长扁平形，分为 3 叶，位于体腔背面，由于强烈的新陈代谢而体积增大。输尿管由每一肾脏发出向后行，开口于泄殖腔中部，无膀胱。雄性有一对精巢，位于肾脏前端，其体积随季节交替而变化，在生殖季节特别大，以弯曲的输精管通入泄殖腔。雌性仅左卵巢和左输卵管发达，而右侧退化。卵巢贴近肾脏前端，输卵管分为 4 部，最前面漏斗状，以喇叭口通体腔，中接输卵管本部，较长，直径亦较大，蛋白由此分泌，下接短而细的峡部，卵壳下膜在此形成，后端膨大为子宫，卵壳在此形成，最后通入泄殖腔。

6. 神经系统（示例）　鸟类的脑与爬行类的不同，其体积很大，且很紧凑，大脑半球和视叶以及小脑均很大，但嗅叶很小。脑的弯曲表现得很明显，视叶由于小脑和大脑的发达而移向两侧。小脑前部与大脑半球相接，而其后部掩盖了延脑的大部分，小脑由蚓部及两小脑鬈构成，蚓部上有许多横沟。

脊髓在臂部和腰部各有膨大的部分，由此发出臂神经丛与腰神经丛，而伸向前肢及后肢，在腰部膨大处的背面有一菱形沟窝。

7. 骨骼系统 整个鸟类骨骼的特征：一方面是骨中充有空气（气质骨），它们的壁很薄，所以很轻，另一方面是骨的愈合，同时由于其无机盐含量的增加，所以很坚固。

（1）脊柱：鸟类的脊柱可分 5 区，即颈椎、胸椎、腰椎、荐椎和尾椎。颈椎的特点是活动性很大，其锥体呈马鞍状（参看鸭的颈椎），使颈能向各方向活动。第一和第二颈椎特化为寰椎和枢椎。

胸椎多已愈合，每一胸椎各具一对肋骨伸至胸骨。肋骨的背端部分各具有钩状突，每一个钩状突都压在后一条肋骨上，这样可使胸廓更为坚固。胸骨很大，且有龙骨，就在这里附着发达的胸肌。最后一个胸椎与以后的腰椎、荐椎以及前几个尾椎愈合成为综合荐骨，最后的一个尾椎最大，是由若干尾椎愈合而成的尾综骨。

（2）头骨：鸟类的头骨骨片很薄，成年时骨片愈合，骨缝消失，颅腔很大，和脑的发达相关。

（3）肩带：肩带是由肩胛骨、乌喙骨和锁骨组成。肩胛骨呈长的刀片状，位于胸廓上部。乌喙骨一端支持胸骨，另一端则支撑肱骨。两锁骨下端有一“V”形的叉骨，这一有弹性的叉骨可防止乌喙骨的靠拢，起着“横木”的作用。

（4）腰带：腰带由髂骨、坐骨和耻骨组成。在成鸟腰带和综合荐骨相愈合，耻骨细长呈棒状，位于坐骨后缘，两耻骨末端不相连，称开放性骨盆，与产大型卵有关。

（5）四肢骨：前肢包括肱骨、细而直的桡骨和稍弯曲的尺骨。腕骨有两块（桡腕骨、尺腕骨），其余腕骨与掌骨愈合为两块较长的腕掌骨。第二和第四指骨各只有一节指骨，第三指骨有两节指骨。

前肢所有的骨骼间都有能动的关节，但只能向一方向运动，即在水平面上折翼和展翼，在挥动时好像成一个整体，因而具备了在飞翔时必需的坚固性。

后肢具股骨、胫跗骨，而腓骨只有一点残迹。跗骨的近端与胫骨愈合成胫跗骨，其远端与趾骨合成跗趾骨，下有四趾，一般大趾向后。

问题：对比不会飞翔的平胸鸟的骨骼与鸡的骨骼，它们之间有哪些不同？

思考题：鸟类在呼吸、神经、骨骼等系统有哪些构造特点是对飞行生活的适应？

第十四节 哺乳纲——小白鼠、家兔

一、实验目的

(1) 通过对小白鼠的解剖，掌握解剖哺乳类的基本技术。

(2) 通过对小白鼠内脏的解剖和观察，了解哺乳纲（Mammalia）动物有关系统、器官的主要特征。

(3) 通过对兔骨骼的观察，了解哺乳动物骨骼系统的基本组成；认识总结哺乳类骨骼系统适应于陆生的进步性特征。

二、材料与用具

(1) 小白鼠、蜡盘、大头针、棉花和解剖用具。

(2) 家兔的整架骨骼标本及零散骨骼标本。哺乳动物不同类型代表动物头骨及附肢骨的示范标本。

(3) 解剖器、放大镜。

三、观察内容

(1) 解剖麻醉的小白鼠。

(2) 整架及零散骨骼观察（头骨结构，可对比猫的头骨进行观察）。

(3) 家兔的皮肤切片观察。

四、操作方法

(一) 小白鼠（*Mus musculus*）的解剖

1. 材料处理 在实验前10min将小白鼠放入密封的容器中，然后向内投入乙醚棉球，3～5min后小白鼠呈昏迷状态。

2. 操作与方法 先观察外部形态构造，然后再按下列顺序进行操作。

(1) 将麻醉的小白鼠仰放在蜡盘内，使其四肢伸展，用大头针将四肢固定。用棉球浸清水将腹中线的毛浸湿。

(2) 用镊子轻轻提起腹部后方的皮肤，再用解剖剪在外生殖器前将皮肤剪一小横口，由此口沿腹中线一直向前将皮肤剖开，直至颌底。

(3) 用镊子轻轻将皮肤与肌肉之间的结缔组织剥离开，可清楚地看到腹面的肌肉组织。

(4) 按照同样方法用镊子提起腹面的肌肉，在后方先剪一横口（注意不要碰到膀胱），再沿腹中线向前剪开肌肉层，直到胸骨下缘，再沿右侧肋骨下缘剪至颌下部，这时可清楚地观察到膈，此为一层极薄的肌肉膜，其将体腔分隔成胸腔和腹腔。

(5) 从左侧肋骨下缘将膈剪开，最后把胸腔壁掀掉，注意不要碰到心脏和大血管。

(6) 解剖时应当使剪尖向上抬，避免碰伤内脏器官。如有大出血现象，立即用干棉球擦拭。当体腔全部打开后，便可将腹面皮肤和肌肉层向两侧掀开，用大头针固定，使内脏器官充分暴露出来。

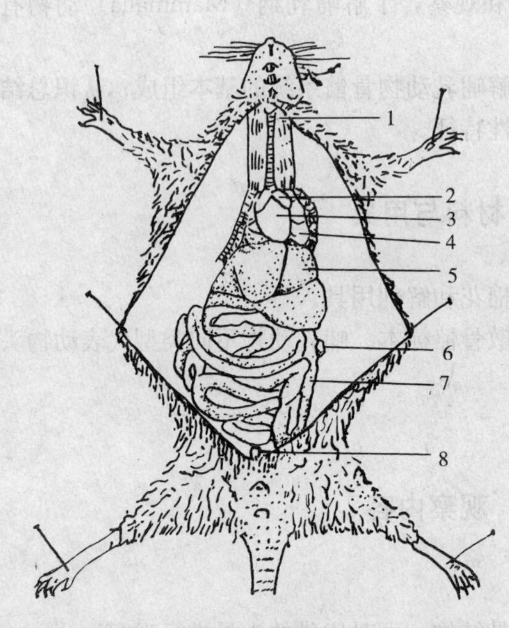

图 1-14-1　小白鼠内脏器官的解剖位置

1. 气管　2. 心房　3. 心室　4. 肺　5. 肝脏　6. 脾　7. 肠　8. 膀胱

3. 内部解剖　首先观察内部器官的自然位置。仔细观察小白鼠心脏跳动和肠蠕动的情况，之后再分别观察各个器官系统（图 1-14-1）。

(1) 消化系统：消化系统几乎占满整个腹腔。用镊子提起肝脏，观察消化管。消化管由口腔、食道、胃、小肠、大肠和盲肠等器官组成。

① 口腔：沿口角剪开颊部及下颌骨与头骨的关节，打开口腔。口腔底有肌肉质舌。上下颌各有 2 个门齿和 6 个臼齿，无犬齿和前臼齿，其齿式为 1·0·0·3/1·0·0·3 = 16。门齿发达，能终生不断地生长。

② 消化腺：腹腔的前面是紫红色的肝脏，在肝右叶的内侧有一黄绿色的胆囊；在十二指肠处有淡粉色的胰腺。

③ 食管和胃：食管呈扁管状，位于气管的背侧，与气管紧紧粘连。用镊子将气管提起就可以把食管剥离出来。食管后行穿过横膈与胃相连。胃呈口袋状，可分为半透明状的贲门部和不透明的幽门部。

④ 肠：分为大肠和小肠。小肠约 50cm，分为十二指肠、空肠和回肠。十

二指肠紧接着胃，其后为空肠和回肠。小肠与大肠的交界处为盲肠，即回肠末端与大肠和盲肠连接。盲肠盲端为蚓突。大肠分为结肠和直肠，直肠进入骨盆，开口于肛门。肠在腹面回曲，彼此间以肠系膜联系。用镊子轻轻将肠系膜划开使肠伸展。有时大肠内还贮有橄榄形的粪块。

（2）呼吸系统：呼吸系统由鼻腔、气管、支气管和肺组成。将下颌部、颈部的肌肉剥开，可见到气管。气管呈长管状，由以柔软组织相连的半软骨环构成，末端分成支气管通向肺。

肺为玫瑰色，分左右两叶，呈海绵状，紧贴于肋骨。如将气管切断，并从切口处插入细管向内吹气，则肺叶扩张。

（3）循环系统：循环系统由心脏、血管和血液组成。心脏位于左右肺之间，心尖稍偏左，外面覆盖着心包膜。心脏呈圆锥形。两个心房较心室小，形似耳朵。如果小白鼠麻醉程度较浅，可明显见到心脏搏动状况，心房先收缩，然后心室收缩。剪断血管取出心脏，把心室横切开，可见左心室壁比右心室壁厚。

（4）排泄系统和生殖系统（图 1-14-2）：排泄系统由肾脏、输尿管、膀胱等组成。肾脏位于脊柱两侧，呈紫红色蚕豆状（需将消化管移开才能看见）。两肾位置不一，右肾稍前，左肾稍后。两肾各发出一条输尿管通向膀胱。膀胱位于腹腔末端，呈囊状，有时能观察到其中贮满尿液。

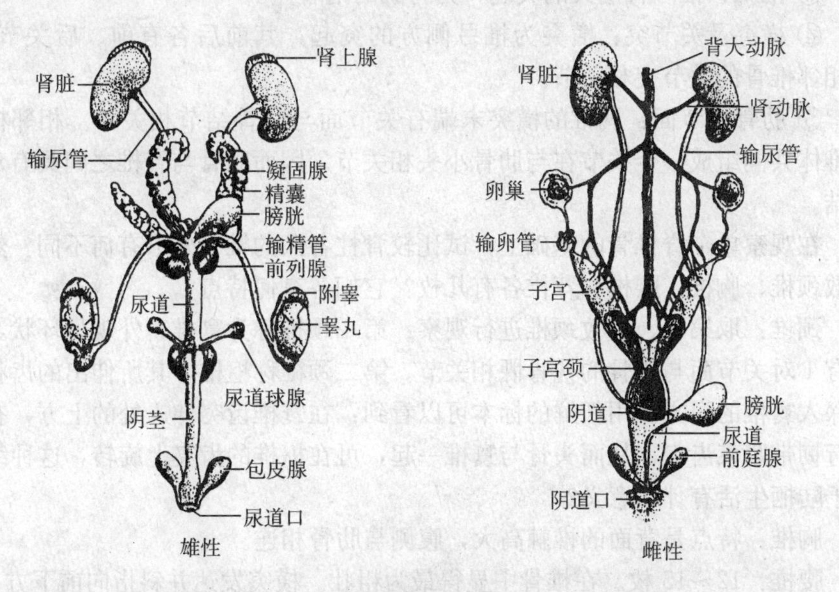

图 1-14-2 小白鼠泌尿生殖系统（自黄诗笺）

在雄鼠腹腔的末端膀胱两侧，有一对卵圆形的精巢（如在生殖期间，精巢下降入阴囊中，在腹腔中则观察不到），各连一条输精管，但输精管较细，不易看到。在雌鼠的腹腔内背侧有一对较小的卵巢，通常不易见到，而一对输卵管和子宫则明显可见。

(二) 家兔（*Oryctolagus cuniculus domestica*）的骨骼观察

本实验应首先观察兔的整架骨骼标本，区分其中轴骨骼、带骨及四肢骨骼，了解其基本组成和大致的部位。然后再仔细辨认各部分的主要骨骼，并掌握其重要的适应性特征。

注意保护骨骼标本，不要用铅笔等在骨缝等处划记；不要损坏自然的骨块间的联结。

1. 中轴骨骼　兔的中轴骨骼由脊柱、胸廓和头骨构成。依次观察下列骨骼：

(1) 脊柱：兔的脊柱大约由 46 块脊椎骨组成。可分为 5 部分，即颈椎、胸椎、腰椎、荐椎和尾椎。以 1 枚分离的胸椎为代表，注意观察脊椎骨以下各部分结构：

① 椎体：哺乳类的椎体为双平型，呈短柱状，可承受较大的压力。椎体之间具有弹性的椎间盘。

② 椎弓：位于椎体背方的弓形骨片，内腔容纳脊髓。

③ 椎棘：椎弓背中央的突起，为背肌的附着点。

④ 横突及关节突：横突为椎弓侧方的突起，其前后各有前、后关节突，与相邻椎骨的关节突相关节。

⑤ 肋骨关节面：胸椎的横突末端有关节面与肋骨结节相关节。相邻椎骨的椎体共同组成一个关节在与肋骨小头相关节。因而肋骨与脊椎之间具有双重联结。

在观察单个脊椎骨的基础上，试比较脊柱各区的椎骨外形有何不同？然后计数颈椎、胸椎、腰椎和荐椎各有几枚？它们各有何特点？

颈椎：取第一、二枚颈椎进行观察：第一颈椎称为寰椎，外观呈环状，前缘有 1 对关节面与头骨的枕骨髁相关节。第二颈椎称枢椎，其所伸出的齿状突起深入寰椎的腹方。用新鲜的标本可以看到：在寰椎齿突伸入处的上方，有一横行韧带紧束齿突，从而头骨与寰椎一起，可在枢椎的齿突上旋转，这种结构对于陆栖生活有什么意义？

胸椎：特点是背面的椎棘高大，腹侧与肋骨相连。

腰椎：12～15 枚。在椎骨中显得最为粗壮。横突发达并斜指向前下方。

荐椎：由 4 个椎骨组成，构成愈合荐骨。愈合荐骨借宽大的关节面与腰带相关节（试回忆蛙和爬行动物的荐椎，理解荐椎的数目和形态的变化对陆生生活的意义）。

尾椎：由 15～16 块椎骨组成。前面数枚尾椎具有椎管，以容纳脊髓的终丝；后面的尾椎仅有椎体，呈圆柱状。

（2）胸廓：胸廓由胸椎、肋骨及胸骨构成。家兔的肋骨有 12～13 对，前 7 对直接与胸骨相连的为真肋；后面不与胸骨直接连接的为假肋。从胸椎前部任取 1 枚肋骨观察，可见上段骨质肋骨借两个关节与胸椎相关节，下段借软骨与胸骨联结。

胸骨构成胸廓的底部，由 6 枚骨块组成。最前边的 1 块为胸骨柄；最后面的 1 块胸骨与 1 软骨板相联结，称为剑突；位于胸骨柄和剑突之间的各块胸骨称为胸骨体。

（3）头骨：哺乳动物头骨骨块数目减少，愈合程度很高。取一头骨标本对照教材上的插图，从后方向前方顺序观察。

① 后部：环绕枕骨大孔的为枕骨，由基枕骨、上枕骨及左右外枕骨愈合而成。枕骨两侧各具有 1 个枕骨髁，与寰椎相关节。枕骨大孔为脊髓与延髓的通路。

② 上部：自后向前分别由间顶骨、顶骨、额骨和鼻骨所构成。间顶骨位于上枕骨的前方中央，前接 1 对顶骨。家兔的间顶骨较小。顶骨、额骨和鼻骨均为成对的片状骨。鼻骨较长，其所覆盖的腔为鼻腔。前端的开孔为外鼻孔。

③ 底部：自后向前依次为枕骨基底部（基枕骨）、基蝶骨、前蝶骨（两侧尚有翼骨突起）、腭骨、颌骨和前颌骨。基蝶骨呈三角形，位于基枕骨的前方。前蝶骨细长，位于基蝶骨的前腹面中央。腭骨位于前蝶骨的两侧，其前方与颌骨相接。

注意观察骨质次生腭：是由颌骨和前颌骨与腭骨的突起骨板拼合而成的。在颅底部次生腭后端的开口称后鼻孔，为鼻腔延伸的通路。骨质次生腭所构成的部分称硬腭，硬腭后方的口腔顶壁组织还沿翼状突起边缘后伸，构成软腭，使鼻通路进一步后延。在底部侧枕骨的下方，还有圆形的骨块，称为鼓骨（或耳泡骨），构成对外耳道及中耳的保护。其侧面的孔，即为耳道通路。

④ 侧部：在外枕骨前方可见一块大型的骨片，称为颞骨。它是由鳞骨、耳囊（构成颞骨的岩状部，在矢状切开的头骨才能见到）以及鼓骨等所愈合成的复合性骨。颞骨向前生有颧突，与颧骨相关结。颞骨腹面的关节面，与下颌（齿骨）相关节。试思考这种关节特点与低等陆栖动物有何不同？对咀嚼有何意义？颧骨前方与上颌骨的颧突相关节。颞骨、颧骨和颌骨构成哺乳类特有的颧弓，为支配下颌运动的咀嚼肌的附着处。颧弓内侧还是附着于颞骨上的、支

配下颌运动的颞肌穿行处。

颧弓前上方所见的凹窝为眼窝（眼眶）。泪骨和蝶骨构成眼窝的前内壁，其余部分均为附近的骨骼突起所形成，不需细看。上颌骨与前颌骨构成头骨前方部分，臼齿及前臼齿即着生在上颌骨上。门牙（前后着生，共2对）着生于前颌骨上。

取沿纵轴锯开的头骨标本，观察内部骨块的结构，可明显的看到前面的颜面部与后面的颅腔部。颜面部中卷曲的多层薄骨片，即为鼻甲骨；颅腔内容纳骨髓。在颅腔底部后面的圆形骨即为颞骨的岩状部，它是由耳囊骨组成的，在哺乳类与鳞骨愈合成复合骨的一部分。岩状部骨块内藏有听觉及平衡器官。其外侧紧临鼓骨，中耳腔内有3块听骨（锤骨、砧骨、镫骨），必须以骨剪破坏鼓骨后才能看到（本实验不必观察）。在颜面部尚可见中线处的垂直薄片骨，即鼻中隔。它是由下方的犁骨与上方的中重筛骨所构成。在颜面部与颅腔部交界处，可见带许多小孔的隔板，即筛骨。嗅神经即从这里穿过，将嗅黏膜感受到的嗅觉信号传入大脑嗅叶。

⑤ 下颌骨：由单一的齿骨组成。在其升支上有关节面与颞骨相关节。

猫的头骨与兔的头骨相比，在结构上有何异同？根据观察的结果，写出它们各自的齿式。

2. *带骨和肢骨* 以观察带骨为主。

(1) 肩带和前肢骨：肩带由肩胛骨和锁骨组成。肩胛骨为一较大的三角形骨片，其前端的凹窝即为肩臼，与前肢的肱骨相关节。肩臼上方可见一小而弯的突起，称乌喙突。它相当于低等种类乌喙骨的退化痕迹。肩胛骨背方的中央隆起称为肩胛嵴，是前肢运动肌肉所附着的地方。兔的锁骨退化成1个小薄骨片，两端各以韧带连于胸骨柄和肱骨之间。

前肢骨骼由肱骨、桡骨、尺骨、腕骨、掌骨及指骨组成。

(2) 腰带及后肢骨：腰带由髂骨、坐骨和耻骨愈合而成的无名骨构成。3块骨所构成的关节窝称髋臼，与后肢的股骨相关节。髂骨以粗大的关节面与脊柱的荐骨相联结。左右耻骨在腹中线处联合，称耻骨联合。由耻骨、坐骨及髂有所构成的骨腔为盆腔，消化、泌尿及生殖管道均从盆腔穿过而通体外。位于每侧坐骨与耻骨中间的圆孔，称为闭孔，可供血管和神经通过。

后肢骨骼由股骨、胫骨、腓骨、跗骨、蹠骨、趾骨组成。胫骨较腓骨大且长。此外，在股骨下端还有一块膝盖骨。

哺乳类肢骨的基本结构与其他陆生的四足动物基本相似。注意哺乳类与爬行类肢骨的着生位置有何差异？

五、示教标本

（1）小白鼠唾液腺的解剖标本。

（2）小白鼠雌雄的泌尿生殖系统标本。

（3）哺乳类泌尿生殖系统挂图及模型。

六、作 业

依照所做实验，绘消化系统和泌尿生殖系统简图。

主要参考文献

[1] 马克勤．1986．脊椎动物比较解剖学实验指导．北京：高等教育出版社

[2] 杨安峰．1984．脊椎动物学实验指导．北京：北京大学出版社

[3] 黄诗笺．2001．动物生物学实验指导．北京：高等教育出版社；海德堡：施普林格出版社

[4] Cleveland P. Hickman，Frances M. Hickman. 1974. Integrated Principles of Zoology. Saint Louis：The C. V. Mosby Company

第二章　综合性应用实验指导（无脊椎动物海滨教学实习）

第一节　海洋环境及活动规律

一、海洋环境

（一）海洋环境的划分

辽阔的海洋是许多生物栖息的场所。根据生物生存的环境，可以划分为底栖区（benthic）和水层区（water province）。

1. 底栖区　被海水浸没的陆地均为海底，在海底栖息着许多生物，这些生物统称为底栖生物。底栖生物的环境又根据地形和覆盖的海水深度不同，分为滨海带、浅海带、倾斜带和深海带。

（1）滨海带：从高潮线到50m深处。在这个区域内，动物分布最广泛，种类也多，是最好的渔场。每天海水涨潮和退潮活动的地带称为潮间带（intertidal zone）。潮间带的海底涨潮时被海水淹没，退潮时则露于空间，是调查和采集无脊椎动物的主要区域。

（2）浅海带：从滨海带至200m深处的海底为浅海带。这一带动植物种类多，数量大，是海洋渔业中的主要作业区。此区又称为大陆架（continental shelf）。

（3）倾斜带：从浅海带至2 440m深的海底为倾斜带。这一带的海水深度变化大，透光性逐渐减弱，由于阳光逐渐不足，植物稀少，动物较多。

（4）深海带：从倾斜带至11 000m的海沟。这一地带水温低（0～5℃），缺阳光，海底柔软，环境稳定，无季节性变化，没有植物，动物为肉食性。

2. 水层区　根据海水深度在海洋表面又分为沿岸区（neritic province）和大洋区（oceanic province），两者间以200m深度为界。200m以下的深层海域均称为深海（deep-sea），直至洋基。

（二）海水温度

海水温度是海产动物生长、繁殖和发育的重要因素。每种动物均要在一定水温范围内生存。海水温度每年随着地区和季节不同而变化。大连海滨的水温每年一般2月最低，约2.8℃，8月最高，约24℃，每年平均温度约为13.4℃。每天水温以5时最低，16时最高。

（三）海水盐度

海水的盐度一般在33～37之间，平均为35。盐度与海中动物体的生理活动有关，它能维持动物的渗透压。一种动物具备适应一定盐度的习性，所以盐度对动物的分布有直接影响。辽宁沿海海水盐度变化不大，垂直差别和距海岸远近的差别都很小。只有在辽河口、鸭绿江口等几个大型河口，受淡水流入的影响，盐度有变化。所以，辽宁沿海动物的分布是比较稳定的。

（四）海水中的营养物质

海水中含有磷酸盐、硝酸盐、和硅酸盐等各种盐类，这些盐类是浮游植物的营养源泉，所以这些浮游植物成为海洋中初级生产力。浮游植物又是浮游动物的主要食物，所以浮游动物就成为海洋中次级生产力。浮游动物又成为其他动物的食物，所以这些动物则成为海洋中三级生产力。因此，海水中盐类的含量和动物的分布有密切关系。

二、潮汐活动规律

各种不同的海洋环境，生活着各种不同的动物，调查各种不同的动物资源，要选择各种不同的海洋环境。在滨海带中的潮间带每天退潮后露于空间，是调查动物和采集标本的好地方。但是在这一带活动，必须对潮汐涨落有所了解。否则，当到海滨时正值满潮，便无法去海滩采集，只能望洋兴叹了。

（一）潮汐活动产生的原因

辽宁沿海各地潮汐活动基本是一致的，每天潮水有两次涨落，为半日潮。白天潮水涨落称为“潮”，晚上潮水涨落称为“汐”，通常把一天的潮水活动称为潮汐活动。潮汐活动产生的原因，为月球、太阳对地球互相吸引的结果。月球离地球近，它比太阳对地球产生的引潮力大，所以月球对地球产生的吸引力，是产生潮汐活动的主要动力。月球绕地球转一周约为24h 50min，因此在24h 50min内海水发生两次涨潮和两次落潮，每天潮汐活动均推迟50min。50min的近似值为0.8h。每天潮汐活动，可按下列公式计算：

高潮期＝（阴历日期－1或16）×0.8＋平均高潮间隙

用上述公式计算当天高潮期，当天阴历日期如果是上半月则减1，若是下半月则减16，乘以当天潮差0.8h，加上平均高潮间隙。平均高潮间隙即初一的高潮期。初一的高潮期因时因地而异，与风向也有关系。如大连地区的黄海石槽村为10时21分，渤海夏家河子则推迟90min。南风潮小而晚，北风潮大而早。以大连石槽村阴历12日的高潮期为例：

高潮期＝（12－1）×0.8＋10时21分＝19时9分

在24h 50min内有2次高潮，2次低潮，每次高潮与低潮间相差为372.5min。因此计算低潮期则用以下公式：

低潮期＝高潮期－372.5min

如大连石槽村阴历12日的低潮期则为：

低潮期＝19时9分－372.5min＝12h 56.5min

(二) 大潮与小潮

太阳、月球和地球三者位置不同，潮汐活动的范围大小也不同。在阴历初一（朔）和十五（望）前后，月球、太阳和地球在一条直线上，地球表面所承受的引潮力，为月球、太阳对地球产生的合力，使地球表面海水产生活动的范围大，高潮水位最高，低潮水位最低，形成大潮。当月球在它们的联线两侧，月球和太阳在地球上互相垂直，太阳和月球对地球的引潮力部分抵消，此时潮水活动范围最小，成为小潮。小潮发生在阴历上弦（初七、八）和下弦（二十二、二十三）。实际上大潮和小潮发生的时间要推迟一二天，因海水的黏滞性和海洋地形关系，大潮发生在初二、初三和十七、十八；小潮发生在初九、初十和二十四、二十五。

潮汐活动每天有变化，每月有变化，每年也有变化。冬至前后，地球离太阳最近，所以潮汐活动也最大。夏至前后，地球离太阳较远，潮汐活动也最小。

三、潮间带的划分

大潮的涨潮线和大潮的退潮线之间的区域为潮间带。大潮涨潮线与小潮涨潮线之间为上带，小潮涨潮线与小潮退潮线之间为中带，小潮退潮线与大潮退潮线之间为下带（图2-1-1）。

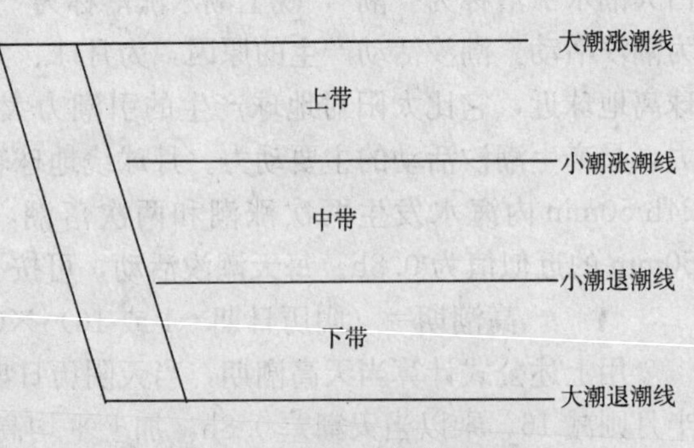

图2-1-1 潮间带划分示意图

上带每月只有两次大潮时被海水淹没，其余时间均露于空气中，与陆地环境相近似，因此这里动物在形态上均有保护性强的结构，如硬壳等。中带每天有两次被海水淹没，受海浪影响较大，动物种类多；有的生活在岩礁上，有的穴居于泥沙中，或匍匐于泥沙表面；也有的附着在水中植物上。下带每月在两次大潮时才能露于空气中，其余时间均为海水淹没，所以这一区域基本上是海洋环境，动物种类和数量均多，是进行海滨底栖动物调查实习的好地方。

在海滨进行无脊椎动物实习时，最好选择大潮期低潮时，潮间带的下带露于空气中，这里动物种类多，数量也多，采集时会取得好成果。

第二节　海产无脊椎动物主要生态类群

一、海产无脊椎动物的生态类群

（一）沿岸常见动物

1. 固着动物的主要种类

海绵动物　矶海绵（*Reniera permolis*）等（图 2-2-1）。

腔肠动物　中胚花筒螅（*Tubularia mesembryanthemum*）（图 2-2-2.1）；
海筒螅（*T. marina*）（图 2-2-2.2）；
喉筒螅（*T. larynx*）（图 2-2-2.3）；
薮枝螅（*Obelia*）（图 2-2-3.1，图 2-2-3.2）；
厚丛柳珊瑚（*Hicksonella* sp.）（图 2-2-4.2）；
粗糙菊花珊瑚（*Goniastrea aspora*）（图 2-2-4.7）；
太平洋侧花海葵（*Anthopleura pacifica*）（图 2-2-4.9）；
纵条肌海葵（*Haliplanella luciae*）（图 2-2-4.10）等。

外肛动物　①直立型苔藓虫
总合草苔虫（*Bugula neritina*）（图 2-2-5.1）；
加州草苔虫（*B. californica*）（图 2-2-5.2）；
大盖粗胞苔虫（*Scrupocellaria scrupea*）（图 2-2-5.5）；
西方三胞苔虫（*Tricelluria occidentalis*）（图 2-2-5.7）等。
②被覆型苔藓虫
厦门膜孔苔虫（*Membranipora amoyensisi*）（图 2-2-6.1）；
齿舌膜孔苔虫（*M. savartii*）（图 2-2-6.2）；
多肋琥珀苔虫（*Electra devinensisi*）（图 2-2-6.7）等。

环节动物　盘管虫（*Hydroides*）（图 2-2-7.1～6，图 2-2-8.9）；

螺旋虫（*Dexiospira spirillum*）（图 2-2-8.4、5、10）等。

软体动物 翡翠贻贝（*Perna viridis*）（图 2-2-10.1）；
厚壳贻贝（*Mytilus edulis*）（图 2-2-10.4）；
条隔贻贝（*Septifer virgatus*）（图 2-2-10.6）；
沼蛤（*Limnoperna fortunei*）（图 2-2-10.7）；
大连湾牡蛎（*Ostrea talienwhanensis*）（图 2-2-11.1）；
长牡蛎（*O. gigas*）（图 2-2-11.2）；
褶牡蛎（*O. plicatula*）（图 2-2-11.3）；
近江牡蛎（*O. rivularis*）（图 2-2-11.4）；
密鳞牡蛎（*O. denselamellosa*）（图 2-2-11.5）；
猫爪牡蛎（*O. pestigris*）（图 2-2-11.6）；
咬齿牡蛎（*O. mordax*）（图 2-2-11.7）；
棘刺牡蛎（*O. ecgubata*）（图 2-2-11.8）；
团聚牡蛎（*O. glomerata*）（图 2-2-11.9）；
青蚶（*Area virescens*）（图 2-2-12.1）；
布氏蚶（*A. decussata*）（图 2-2-12.2）；
平行蚶（*A. parallelogramma*）（图 2-2-12.3）；
突壳肌蛤（*Musculus senhousei*）（图 2-2-12.4）；
亚光棱蛤（*Trapezium sublaevigatuu*）（图 2-2-12.7）；
中华不等蛤（*Anomia chinensis*）（图 2-2-12.8）；
敦氏猿头蛤（*Chama dunkeri*）（图 2-2-12.9）等。

节肢动物 茗荷（*Lepas anatifera*）（图 2-2-13.1）；
鹅茗荷（*L. anseirifera*）（图 2-2-13.2）；
条茗荷（*Conchoderma virgatum*）（图 2-2-13.3）；
细板条茗荷（*C. virgatum hunteri*）（图 2-2-13.4）；
耳条茗荷（*C. auritum*）（图 2-2-13.5）；
白条地藤壶（*Euraphia withersi*）（图 2-2-14.1）；
东方小藤壶（*Chthamalus challengeri*）（图 2-2-14.2）；
马来小藤壶（*C. malayensis*）（图 2-2-14.3）；
厚壳龟藤壶（*Chelonibia testudinaria*）（图 2-2-14.4）；
间隔小笠藤壶（*Tetraclitella divisa*）（图 2-2-14.5）等。

被囊动物 褶瘤海鞘（*Styela plicata*）（图 2-2-18.1）；
曼氏皮海鞘（*Molgula manhattensis*）（图 2-2-18.3）；
玻璃海鞘（*Ciona intestinalis*）（图 2-2-18.5）；

菊海鞘（*Botryllus schlosseri*）（图 2－2－18.6、图 2－2－18.7）等。

2. 岩石上下或岩石缝隙生活的主要种类

扁形动物　厚涡虫（*Pseudostylochus obscurus*）；平角涡虫（*Planocera reticulata*）等。

环节动物　软背鳞虫（*Lepidototus helotypus*）；覆瓦哈鳞虫（*Harmothoe imbricata*）等。

软体动物　短滨螺（*Littorina brevicula*）（图 2－2－9.1）；
史氏背尖贝（*Notoacmea schrencki*）（图 2－2－9.2）；
小闸螺（*Zafra pumila*）（图 2－2－9.3）；
小帽螺（*Mitrella bicincta*）（图 2－2－9.4）；
红螺（*Rapana thomasiana*）（图 2－2－9.6）；
网纹鬃毛石鳖（*Mopalia retifera*）（图 2－2－9.7）；
石磺（*Onchidium verruculatum*）（图 2－2－9.9）；
梯螺（*Epitonium* sp.）（图 2－2－9.11）；
锈凹螺（*Chlorostoma rustimus*）；日本刍秣螺（*Ocenebra japonica*）；古氏滩栖螺（*Batillaria cumingi*）；石磺海牛（*Homoiodoris japonica*）；三棱骨螺（*Triionolia emarginatus*）；织文螺（*Nassarius* spp.）等。

节肢动物　日本三叉水虱（*Cymodoce japonica*）（图 2－2－15.2）；
腔齿海底水虱（*Dynoides dentisinus*）（图 2－2－15.3）；
光背团水虱（*Sphaeroma retrolaevis*）（图 2－2－15.4）；
柱木水虱（*Lomnoria lignorum*）（图 2－2－15.5）；
光背节鞭水虱（*Syngamus laryngeus*）（图 2－2－15.7）；
拟棒鞭水虱（*Cleantiella isopus*）（图 2－2－15.8）；
麦秆虫（*Caprella*）（图 2－2－16.9～11）；
绒毛近方蟹（*Hemigrapsus penicillatus*）；寄居蟹（*Pagurus japonicus*）；锯额瓷蟹（*Pisidia serratifrons*）；光辉圆扇蟹（*Sphaerozus nitidus*）；小相手蟹（*Nanosesarma minutum*）；方蟹（*Grapsidae*）等。

棘皮动物　细雕刻肋海胆（*Temnopleurus toreumaticus*）（图 2－2－17.1）；
异色海盘车（*Asterias versicolor*）（图 2－2－17.2）；
细五角瓜参（*Leptopentacta typica*）（图 2－2－17.3）；
真蛇尾（*Ophiura* sp.）（图 2－2－17.4）等。

(二) 沙岸及泥沙岸营埋栖或穴居生活的常见动物

腔肠动物　海仙人掌（*Cavernularia habereri*）等。

环节动物　岩虫（*Marphysa sanguinea*）（图 2-2-8.1）；
日本刺沙蚕（*Neanthes japonica*）（图 2-2-8.2）；
雾海鳞虫（*Halosydna nebulosa*）（图 2-2-8.3）；
巢沙蚕（*Diopatra neapokitana*）；樱鳃沙蚕（*Potamilla myriops*）；鳞沙蚕（*Chaetopterus veriopedatus*）；海蛹（*Travisia jopanca*）；长吻沙蚕（*Glycera chirori*）；索沙蚕（*Lumbriconereis latreilli*）等。

纽形动物　纽虫（*Lineus fuscoviridis*）等。

软体动物　泥螺（*Tegillarca granosa*）；滩栖螺（*Batillaria cumingi*）；扁玉螺（*Neverita didyma*）；日本镜蛤（*Dosinia japonica*）；青蛤（*Barbatia virescens*）；菲律宾蛤仔（*Ruditapes philippinarum*）；樱蛤（*Macoma incongrua*）；竹蛏（*Solen gouldii*）；蛤蜊（*Mactra chinensis*）；海螂（*Myaarenaria oonogai*）；文蛤（*Meretrix meretrix*）；毛蚶（*Scapharca subcrenata*）等。

节肢动物　大螯蜚（*Jassa* sp.）（图 2-2-16.2）；
蜾蠃蜚（*Corophium crassicorne*）（图 2-2-16.3）；
好斗蜚（*Eriethonius pugnax*）（图 2-2-16.6）；
管栖蜚（*Cerapus tubularis*）（图 2-2-16.7）；
蝼蛄虾（*Upogebia major*）；美人虾（*Callianassa harmandi*）；短脊骨虾（*Alpheus brevicristatus*）；股窗蟹（*Scopimera globosa*）；大眼蟹（*Macrophthalmus abbreveatus*）；拳蟹（*Philyra pisum*）等。

棘皮动物　海棒槌（*Paracaudina chilensis ransonnetii*）；心形海胆（*Echinocardium cordatum*）；锚海参（*Leptosynapta ooplax*）等。

腕足动物　海豆芽（*Lingula anatina*）等。

(三) 沿岸营浮游生活的水母类和头足类的主要种类

腔肠动物　钩手水母（*Gonionemus depressum*）；海月水母（*Aurela aurita*）等。

软体动物　蛸（*Octopus* spp.）等。

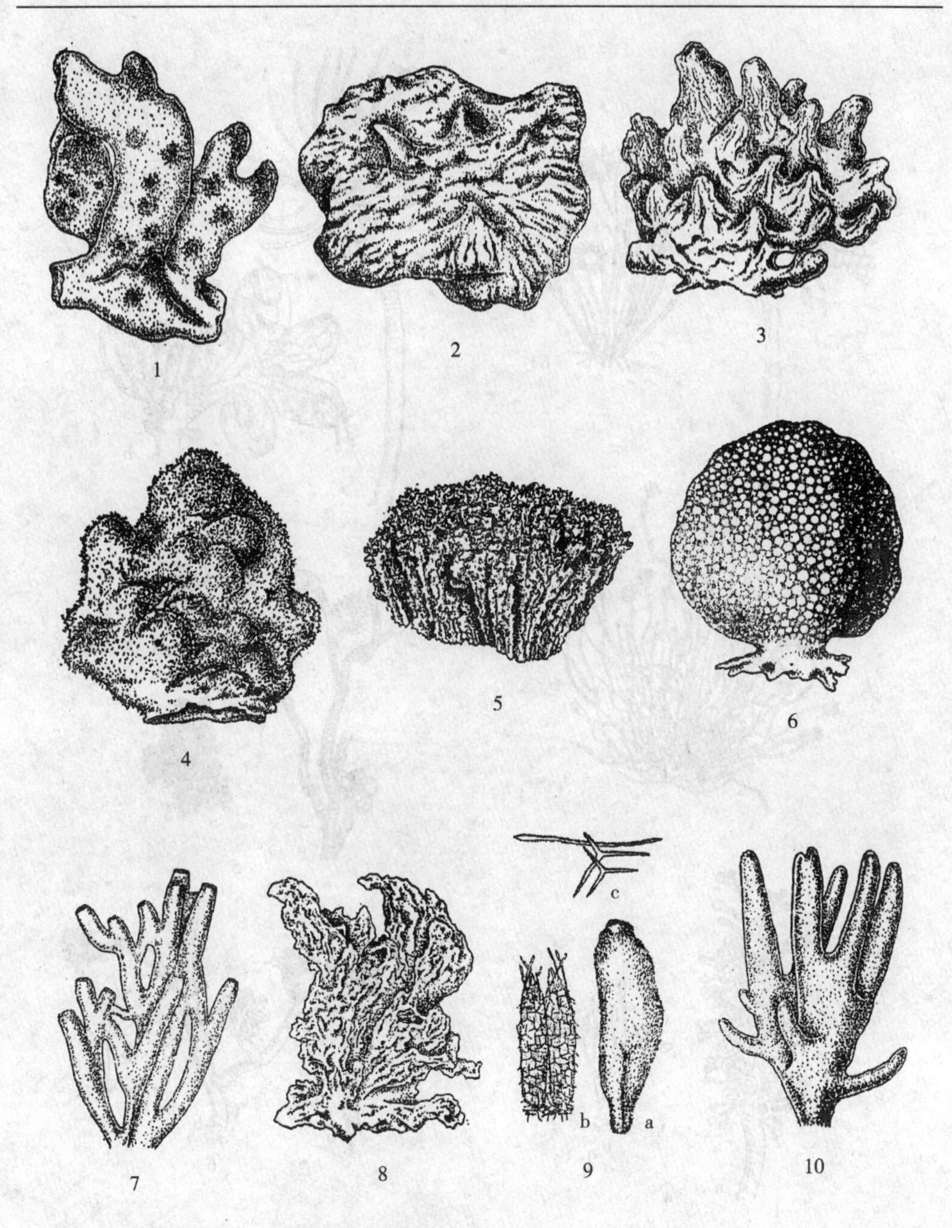

图 2-2-1　海绵动物（自黄宗国、蔡如星，图 2-2-2～18 同此）
1. 什厚海绵 *Pachychalina variabilis*　2. 厚海绵 *P. renienoides*
3. 脆骨海绵 *Halichondria osculum*　4. 胶海绵 *Myxospongia* sp.
5. 平枝海绵 *Lissodendoryx isodictyalis*　6. 柑橘荔枝海绵 *Tethya aurantium*
7. 矶海绵 *Reniera permolis*　8. 居苔海绵 *Tedania ignis*
9. 冈田樽海绵 *Sycon okadai*（a. 外形，b、c. 骨针）　10. 蜂海绵 *Haliclona* sp.

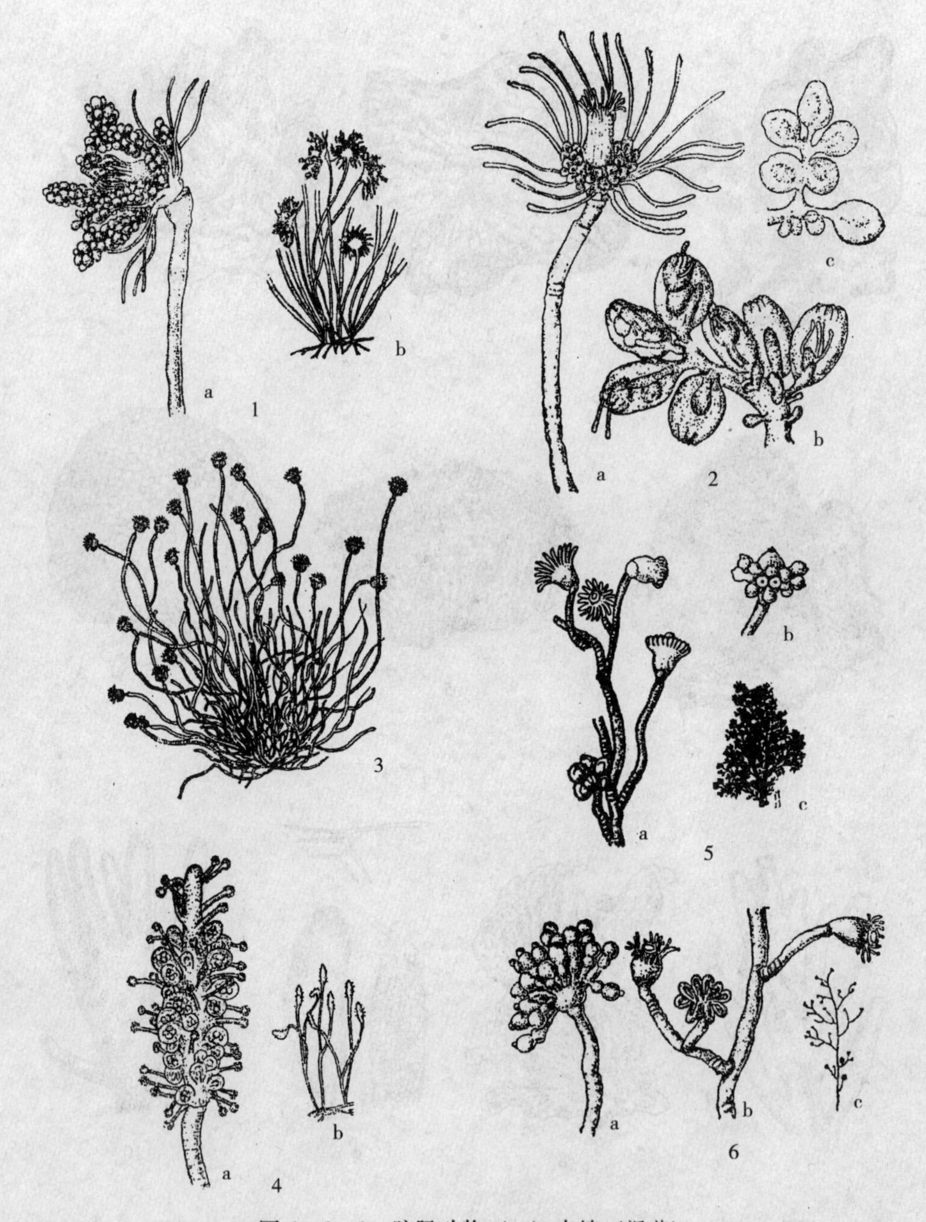

图 2-2-2 腔肠动物（一）水螅（裸芽）

1. 中胚花筒螅 *Tubularia mesembryanthemum*（a. 部分放大，b. 外形） 2. 海筒螅 *T. marina*（a. 部分茎部及芽体，b. 雌性生殖体，c. 雄性生殖体） 3. 喉筒螅 *T. larynx* 4. 长芽棍螅 *Cornye* sp.（a. 雌性孢子囊，b. 外形） 5. 总状真枝螅 *Eudendrium racemosum*（a. 雌性孢子囊，b. 雄性孢子囊，c. 外形） 6. 管状真枝螅 *Eudendrium capillare*（a. 雄性孢子囊，b. 分枝及雌性孢子囊，c. 外形）

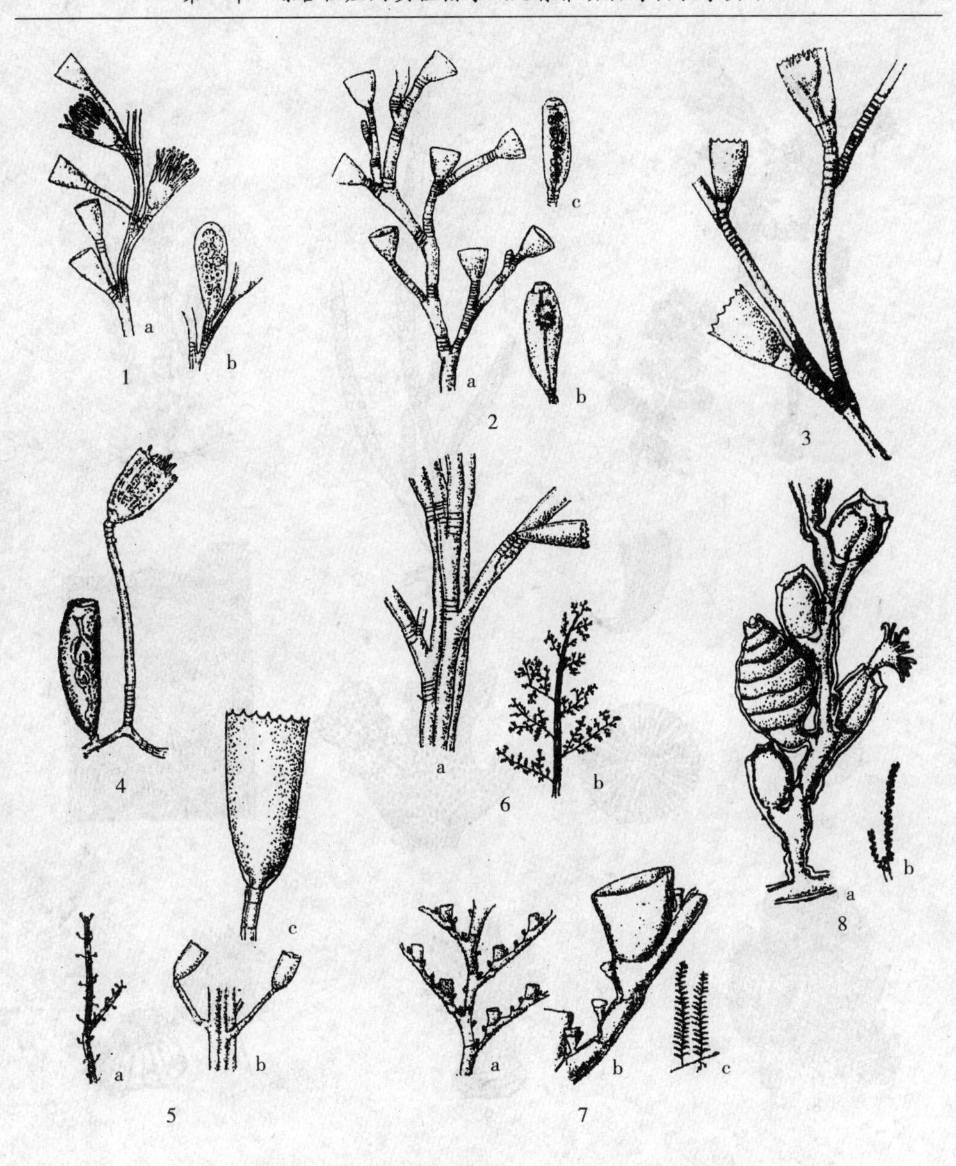

图 2-2-3　腔肠动物（二）水螅（被芽）

1. 纤细薮枝螅 *Obelia gracilis*（a. 营养体的一部分，b. 生殖体）　2. 屈膝薮枝螅 *O. geniculata*（a. 部分营养体，b. 水母体即将放尽情况，c. 水母体未放出情况）　3. 艾氏美螅 *Clytia edwardsi*（营养体的一部分）　4. 筒状美螅 *C. cylindrica*（营养体及生殖体）　5. 轮钟螅 *Campanularia verticcillata*（a. 外形，b. 部分营养体，c. 芽鞘放大）　6. 胶钟螅 *C. gelatinosa*（a. 部分营养体及芽鞘，b. 外形）　7. 拟毛海榧螅 *Plumularia setaceoide*（a. 营养体的一部分，b. 芽鞘放大，c. 外形）　8. 广口小桧叶螅 *Sertularella miurensis*（a. 营养体及生殖体，b. 外形）

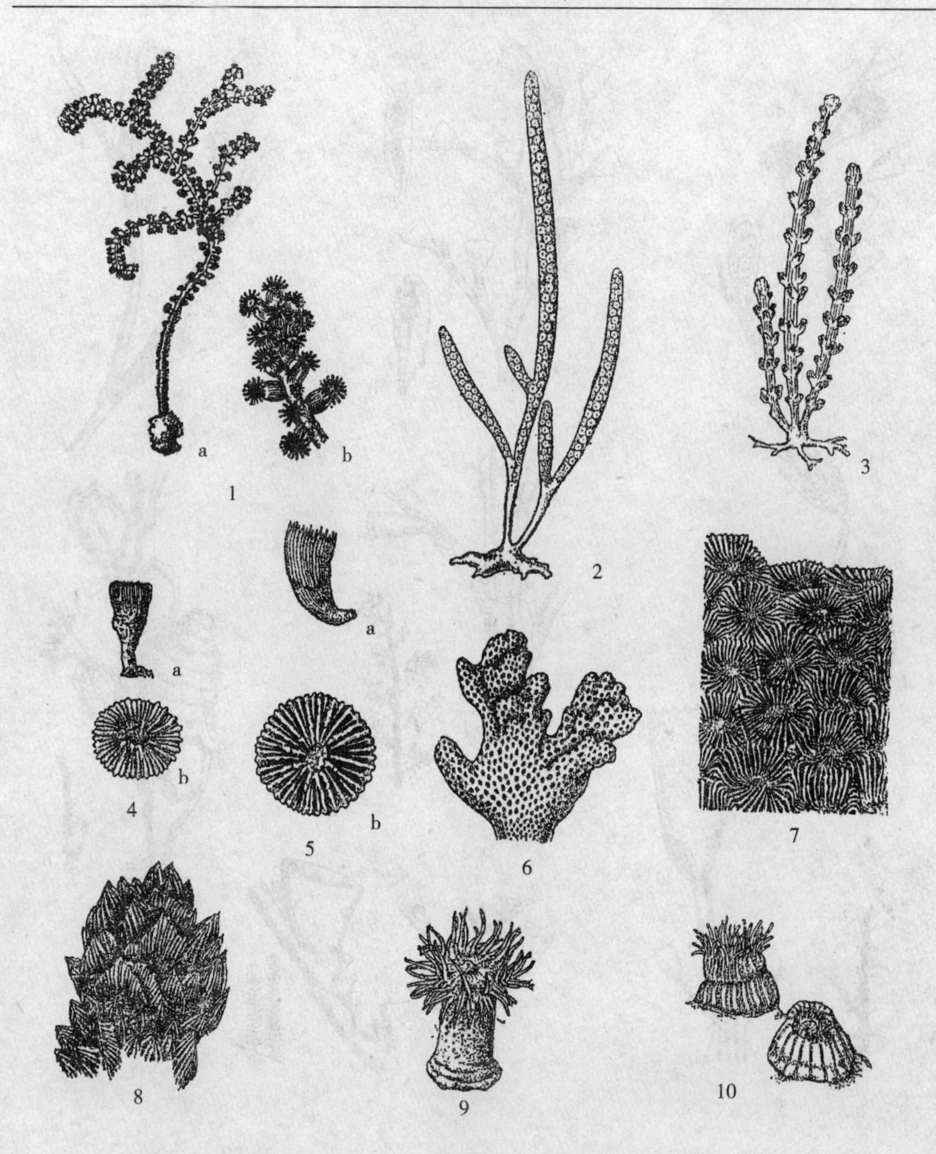

图 2-2-4　腔肠动物（三）珊瑚虫

1. 棘柳珊瑚 *Acanthogorgia* sp.（a. 外形，b. 部分放大）　2. 厚丛柳珊瑚 *Hicksonella* sp.　3. 石花虫 *Telesto* sp.　4. 日本单体珊瑚 *Caryophyllia japonica*（a. 外形，b. 背面观）　5. 单体珊瑚 *C. scobinoss*（a. 外形，b. 背面观）　6. 杯形珊瑚 *Pocillopora damicornis*　7. 粗糙菊花珊瑚 *Goniastrea aspera*　8. 小角刺柄珊瑚 *Hydnophora microconos*　9. 太平洋侧花海葵 *Anthopleura pacifica*　10. 纵条肌海葵 *Haliplanella luciae*

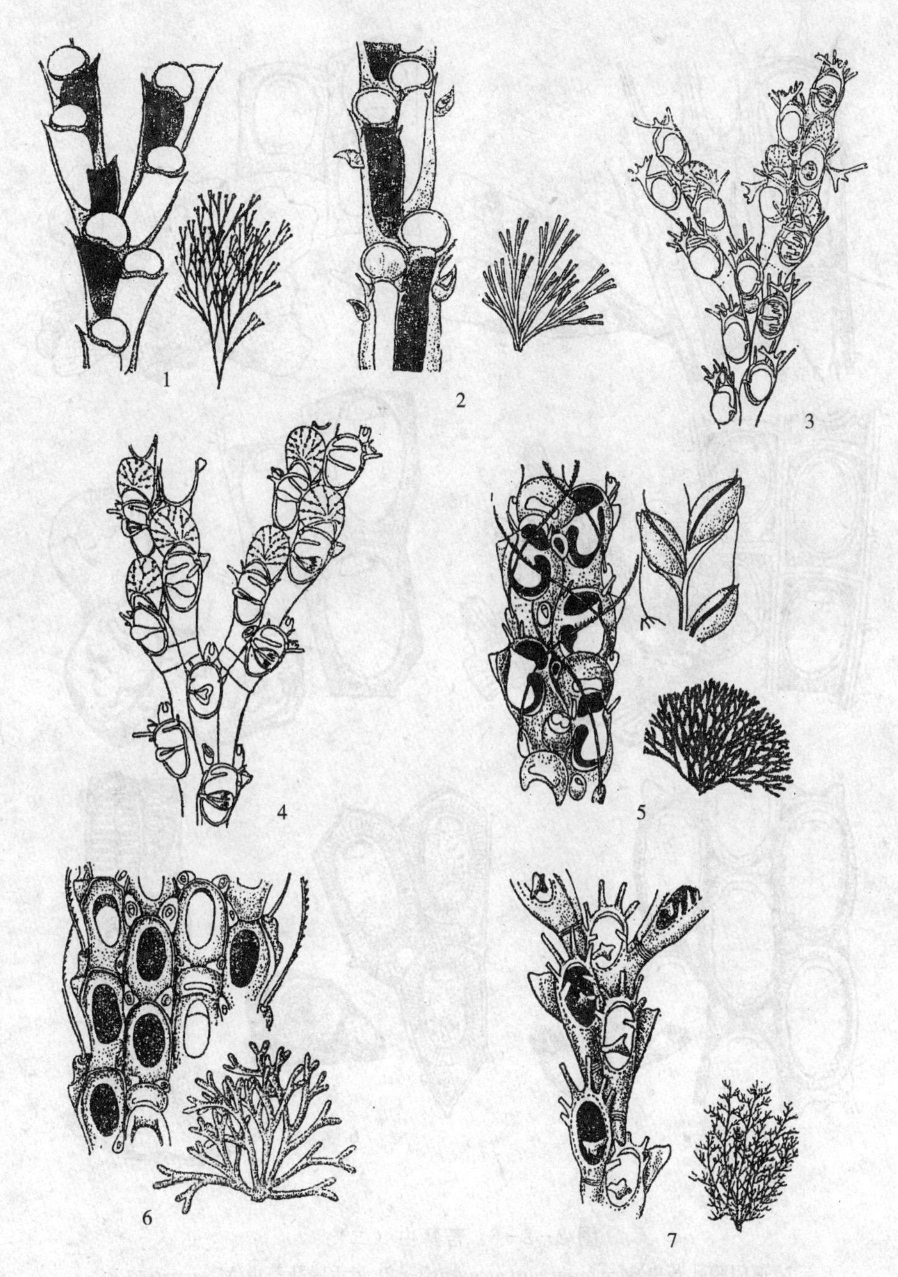

图 2-2-5　苔藓虫（一）双胞科及粗胞科

1. 总合草苔虫 *Bugula neritina*　2. 加州草苔虫 *B. californica*　3. 独角粗苞苔虫 *Scrupocellaria unicornis*　4. 拟匙粗苞苔虫 *S. spatulataidea*　5. 大盖粗苞苔虫 *S. maderensis*　6. 宽松苔虫 *Caberea lata*　7. 西方三苞苔虫 *Tricellaria occidentalis*

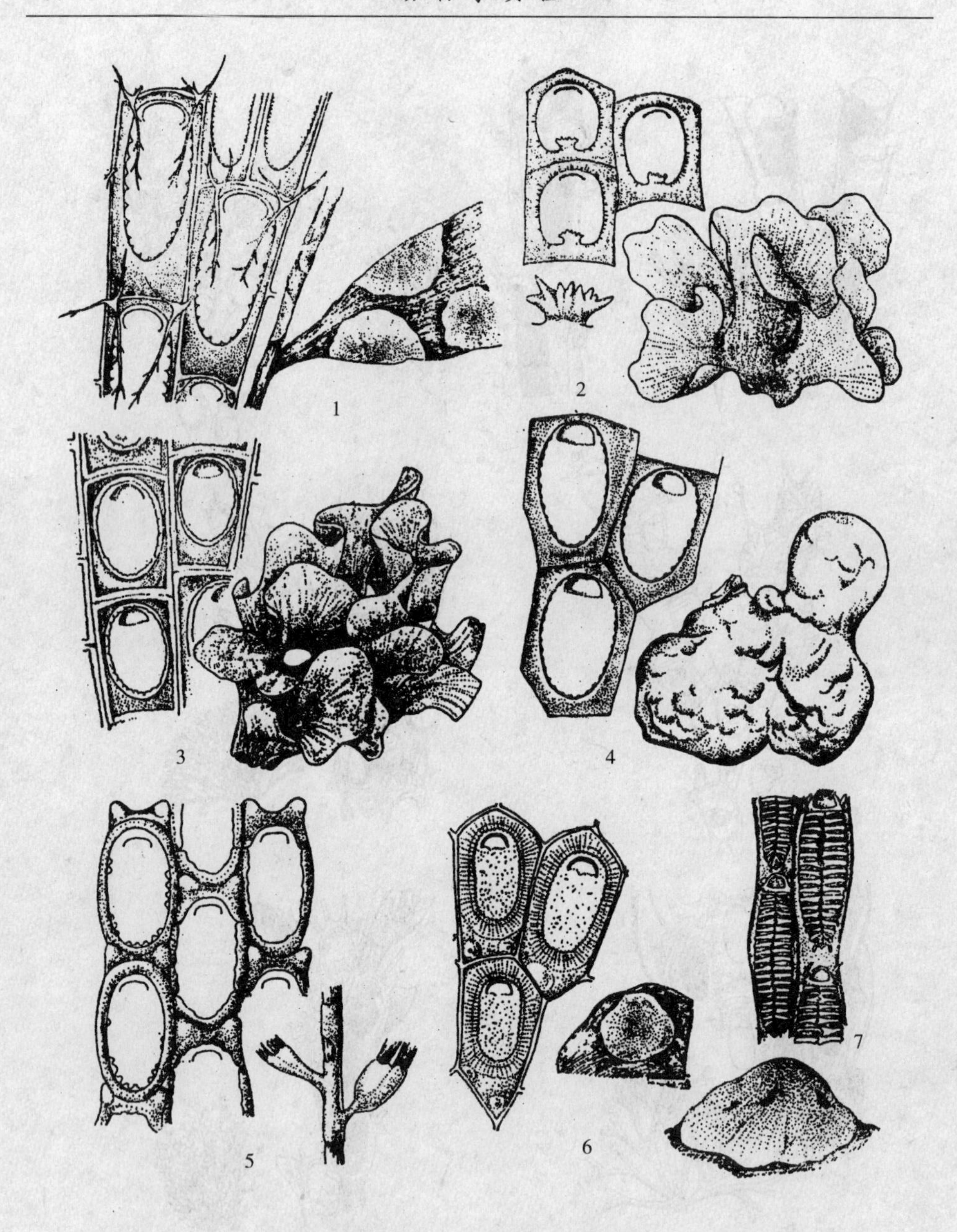

图 2-2-6 苔藓虫（二）

1. 厦门膜孔苔虫 *Membranipora amoyensis* 2. 齿舌膜孔苔虫 *M. savartii*
3. 大室棘膜苔虫 *Acanthodesia grandicella* 4. 多层棘膜苔虫 *A. lamellosa*
5. 尖突棘膜苔虫 *A. tuberculata* 6. 网纱帐苔虫 *Conopeum reticulum*
7. 多肋琥珀苔虫 *Electra devinensis*

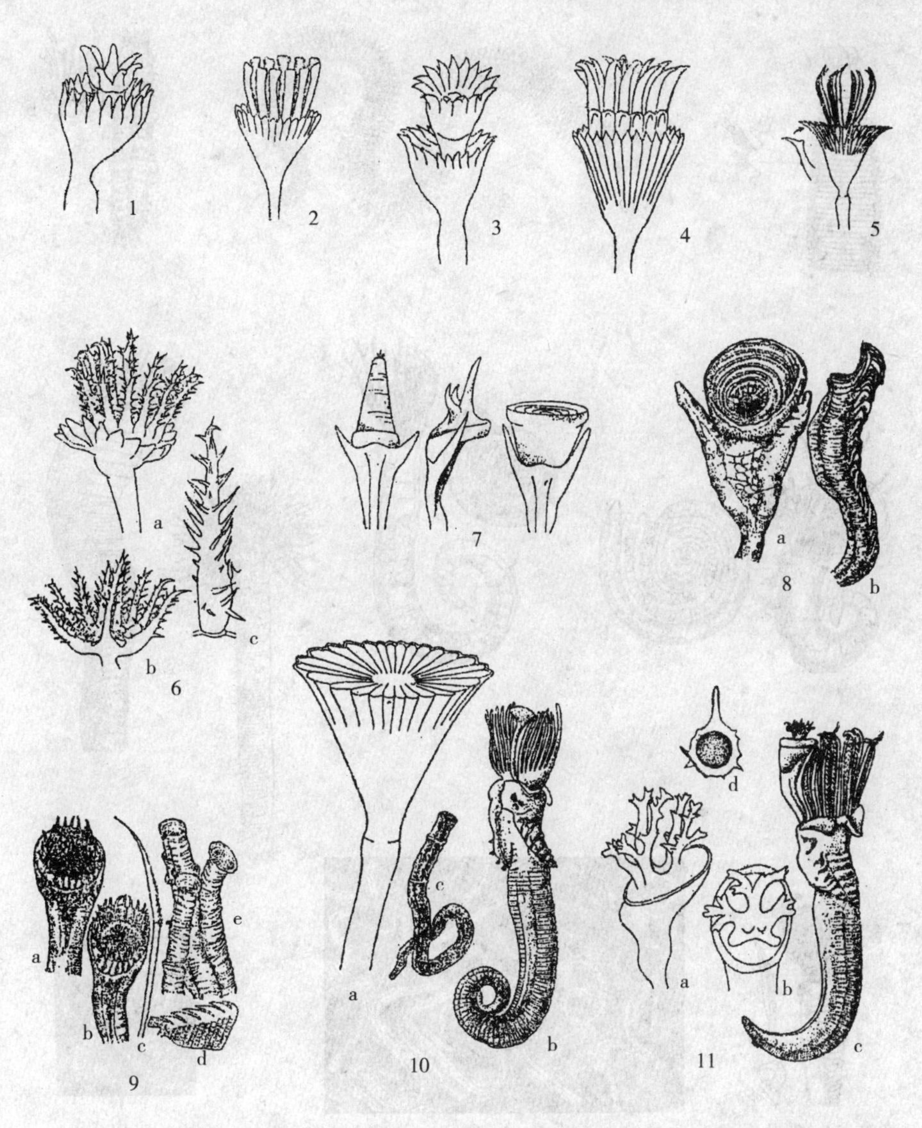

图 2-2-7　多毛类（一）盘管虫科的壳盖及其他构造

1. 格盘管虫 *Hydroides grubei*　2. 锯刺盘管虫 *H. lunulifera*　3. 原盘管虫 *H. prisca*　4. 双冠盘管虫 *H. protulicola*　5. 具钩盘管虫 *H. uncinata*　6. 长刺盘管虫 *H. longispinosa*（a. 壳盖侧面，b. 壳盖内面，c. 单个棘）　7. 三角盖虫 *Pomatoceros triqueter*（3 种壳盖）　8. 无毛襟虫 *Pomatoleios kraussii*（a. 壳盖，b. 栖管）　9. 半殖虫 *Ficopomatus enigmaticus*（a. 壳盖，b. 幼体壳盖，c. 襟刚毛，d. 胸部栉齿刚毛，e. 栖管）10. 颗粒龙介虫 *Serpula vermicularis*（a. 壳盖，b. 虫体，c. 栖管）　11. 旋鳃虫 *Spirobranchus giganteus*（a. 壳盖侧面观，b. 壳盖上面观，c. 虫体，d. 栖管横切面）

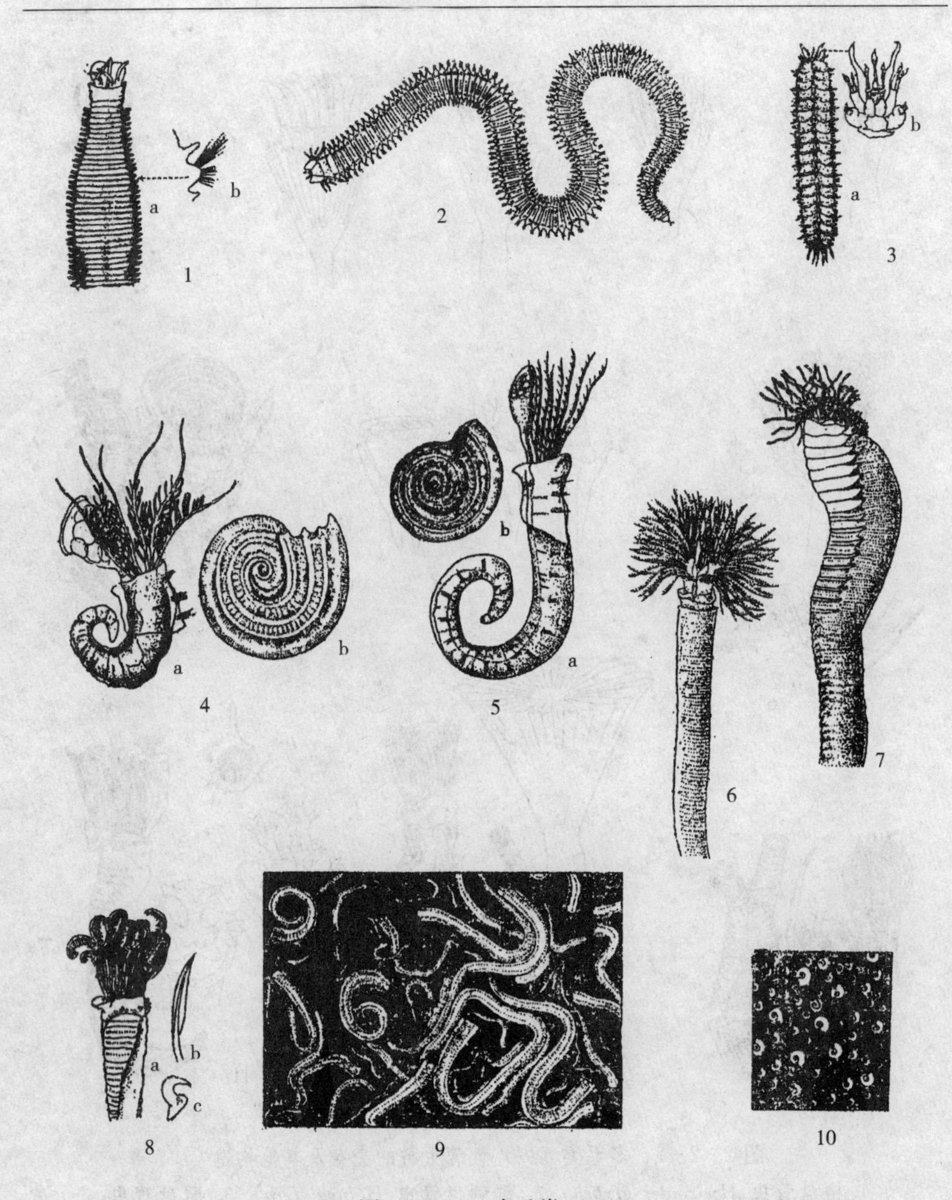

图 2-2-8 多毛类（二）

1. 岩虫 *Marphysa sanguinea*（a. 虫体前部，b. 疣足） 2. 日本刺沙蚕 *Nereis japonica* 3. 雾海鳞虫 *Halosydna nebulosa*（a. 整体，b. 头部放大） 4. 日本螺旋虫 *Spirorbis japonica*（a. 虫体，b. 栖管） 5. 螺旋虫 *S. foraminosus*（a. 虫体，b. 栖管） 6. 万目鳃虫 *Potamilla* sp. 7. 长蛰龙介虫 *Pista elongata* 8. 毛襟虫 *Megalomma cingulata*（a. 虫体，b. 翼状刚毛，c. 爪刚毛） 9. 盘管虫自然观 10. 螺旋虫自然观

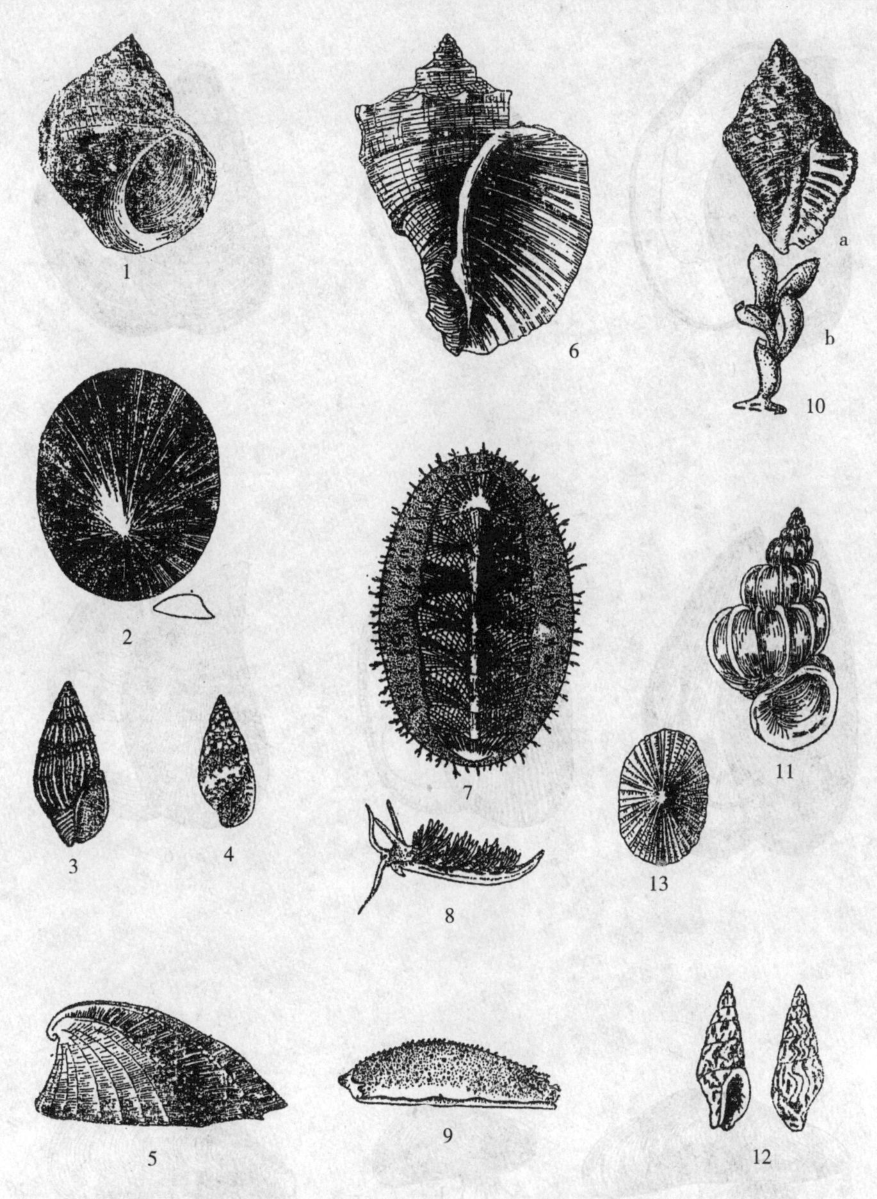

图 2-2-9 软体动物（一）双神经纲及腹足纲

1. 短滨螺 *Littoraria brevicula* 2. 史氏背尖贝 *Notoacmea schrencki* 3. 小闸螺 *Zafra pumila* 4. 小帽螺 *Mitrella bicincta* 5. 三肋马掌螺 *Amathina tricarinata* 6. 红螺 *Rapana thomasiana* 7. 网纹鬃毛石鳖 *Mopalia retifera* 8. 纤细蓑海牛 *Eolis gracilis* 9. 石磺 *Onchidium verruculatum* 10. 蛎敌荔枝螺 *Purpura gradata*（a. 外形，b. 卵群） 11. 梯螺 *Epitonium* sp. 12. 丽核螺 *Pyrene bella* 13. 日本菊花螺 *Siphonaria japonica*

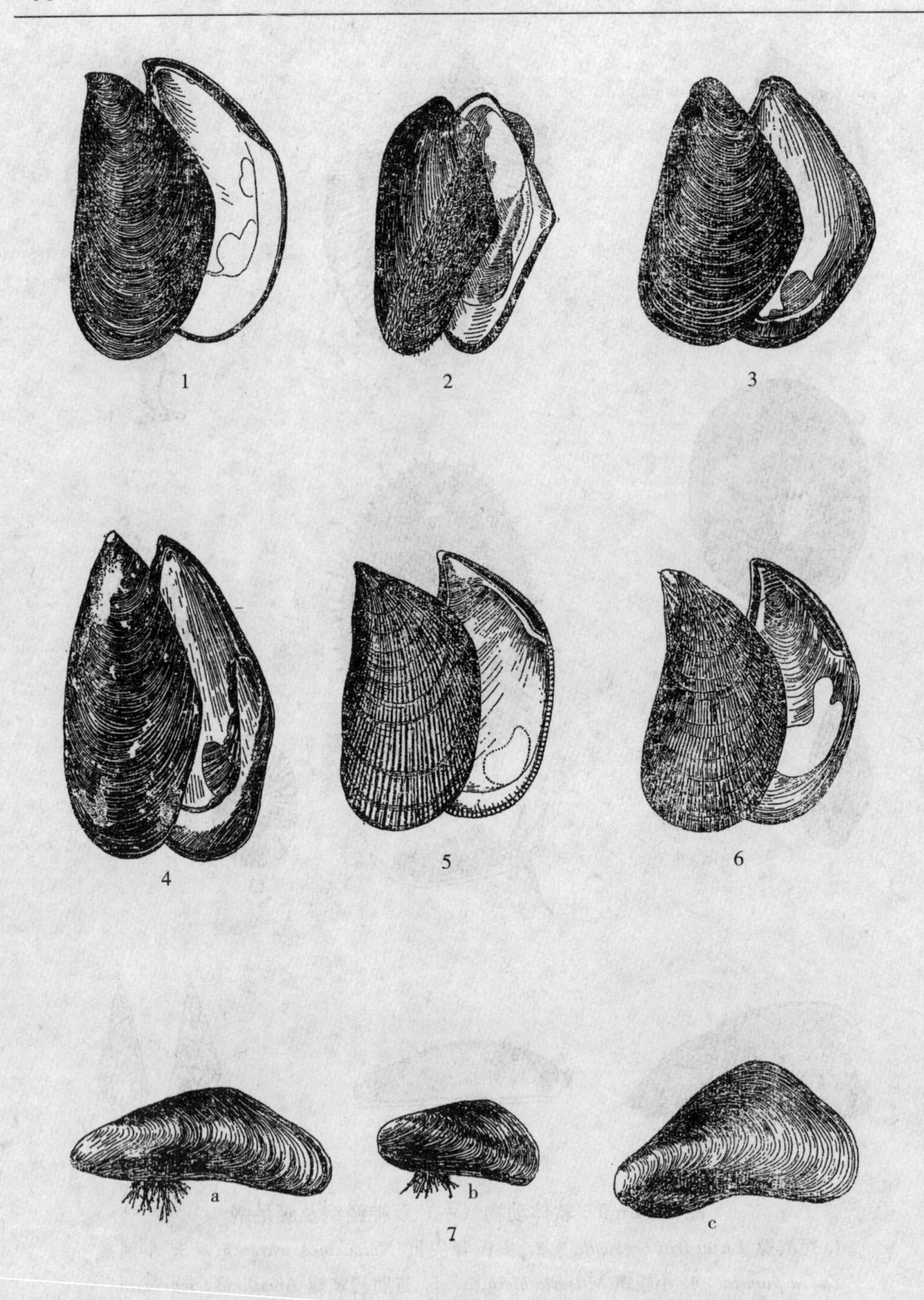

图 2-2-10 软体动物（二）双壳类（贻贝）

1. 翡翠贻贝 *Perna viridis* 2. 麦氏偏顶蛤 *Modiolus metcalferi* 3. 贻贝 *Mytilus edulis* 4. 厚壳贻贝 *M. corruscus* 5. 隔贻贝 *Septifer bilocularis* 6. 条隔贻贝 *Septifer virgatus* 7. 沼蛤 *Limnoperna fortunei*（*a*～*c*）

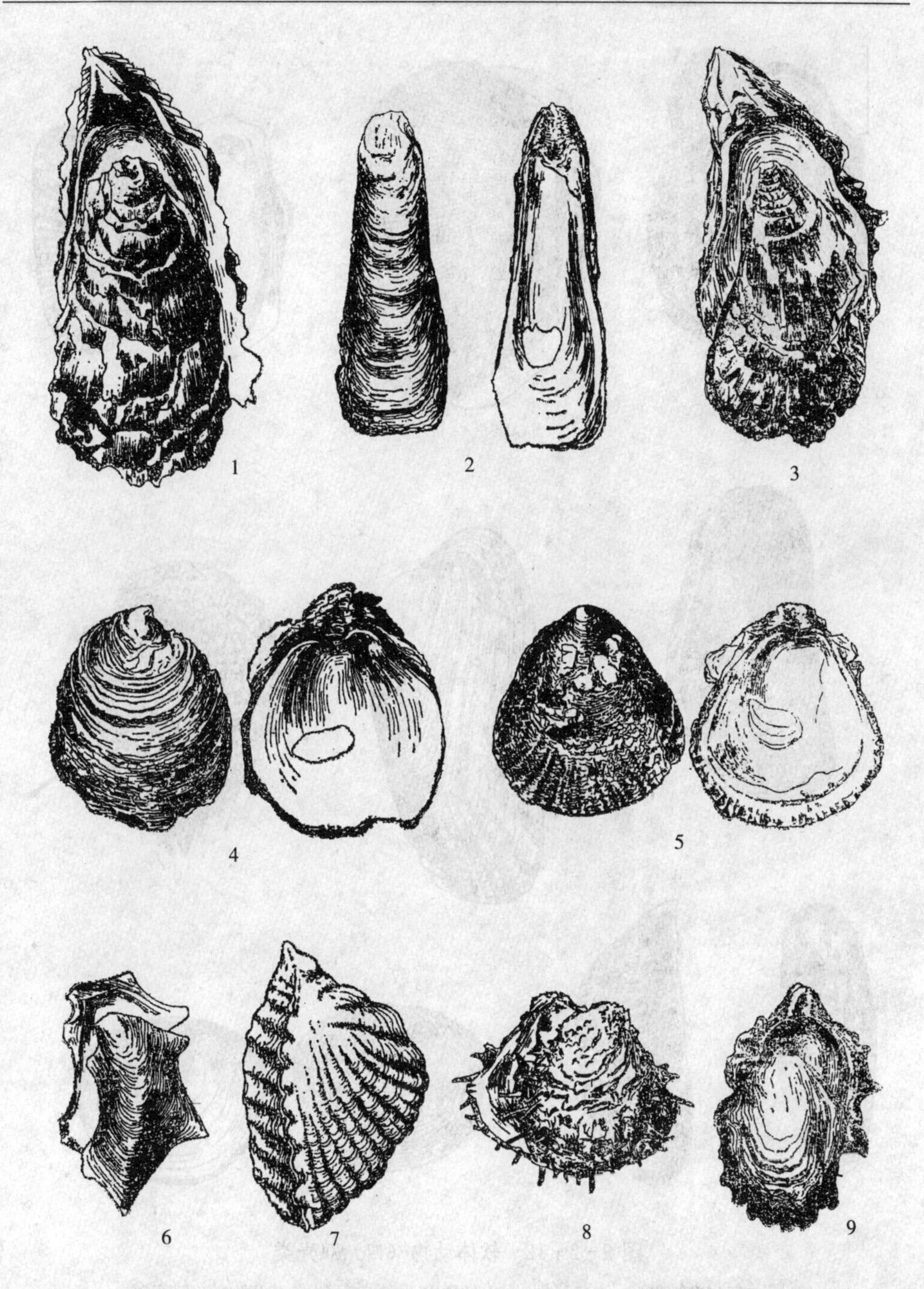

图 2-2-11 软体动物（三）双壳类（牡蛎）

1. 大连湾牡蛎 *Ostrea talienwhanensis* 2. 长牡蛎 *O. gigas* 3. 褶牡蛎 *O. plicatula*
4. 近江牡蛎 *O. rivularis* 5. 密鳞牡蛎 *O. denselamellosa* 6. 猫爪牡蛎 *O. pestigris*
7. 咬齿牡蛎 *O. mordax* 8. 棘刺牡蛎 *O. echinata* 9. 团聚牡蛎 *O. glomerata*

图 2-2-12 软体动物（四）双壳类

1. 青蚶 *Arca virescens* 2. 布纹蚶 *A. decussata* 3. 平行蚶 *A. parallelogramma* 4. 突壳肌蛤 *Musculus senhousei* 5. 短石蛏 *Lithophaga curta* 6. 沙饰贝 *Mytilopsis sallei* 7. 亚光棱蛤 *Trapezium sublaevigatuu* 8. 中华不等蛤 *Anomia chinensis* 9. 敦氏猿头蛤 *Chama dunkeri*

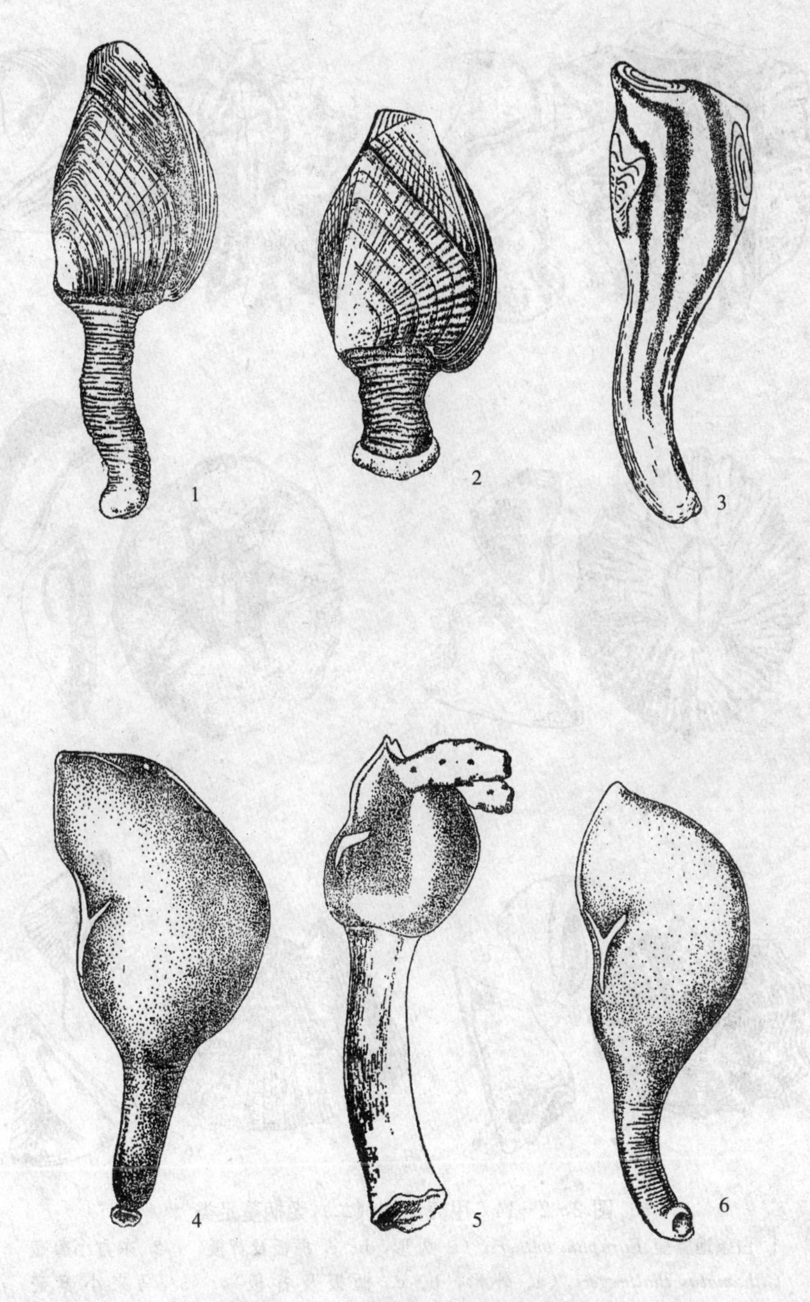

图 2-2-13　甲壳动物（一）有柄蔓足类

1. 茗荷 *Lepas anatifera*　2. 鹅茗荷 *L. anseirifera*

3. 条茗荷 *Conchoderma virgatum*　4. 细板条茗荷 *C. virgatum hunteri*

5. 耳条茗荷 *C. auritum*　6. 太平洋软茗荷 *Alepas pacifica*

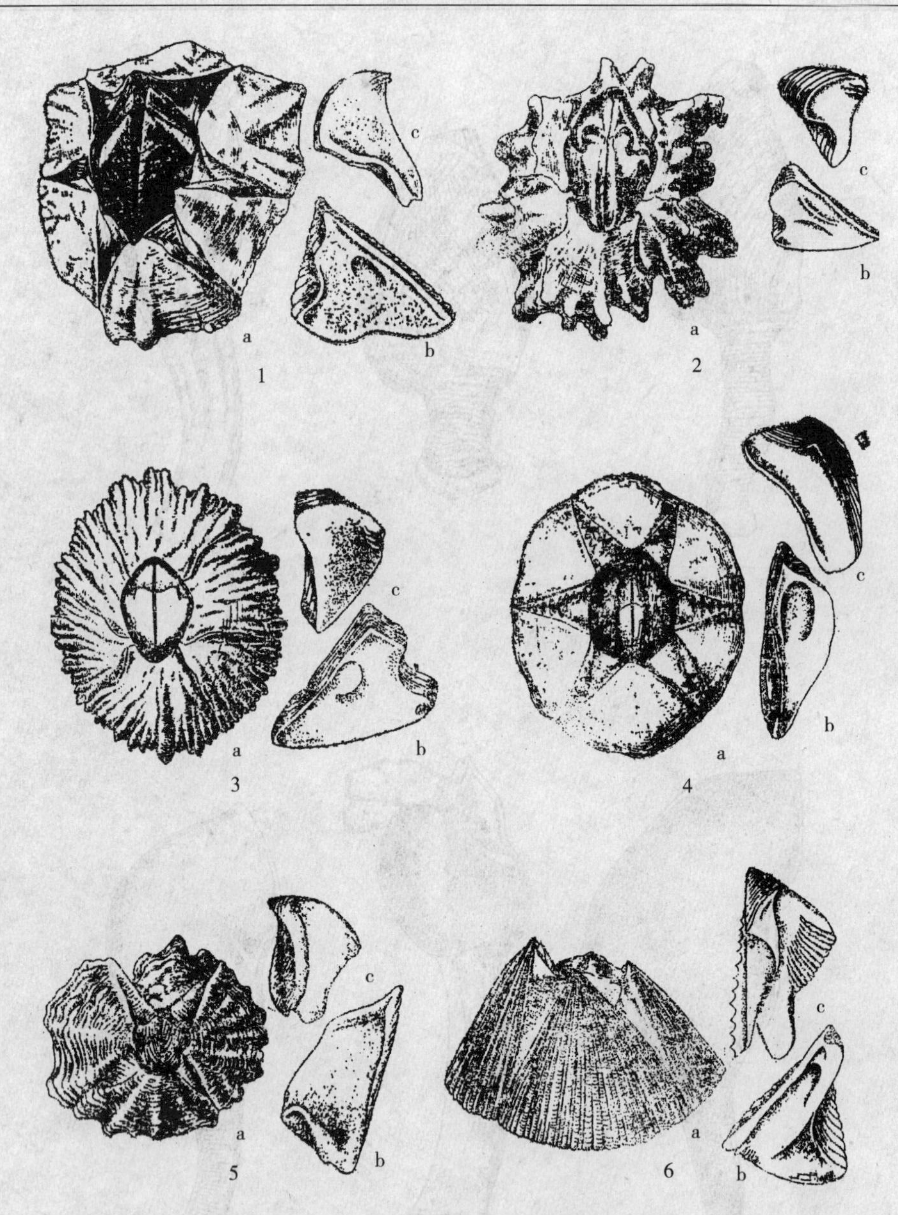

图 2-2-14 甲壳动物（二）无柄蔓足类

1. 白条地藤壶 *Euraphia withersi*（a. 外形，b、c. 楯板及背板） 2. 东方小藤壶 *Clthamalus challengeri*（a. 外形，b、c. 楯板及背板） 3. 马来小藤壶 *C. malayensis*（a. 外形，b、c. 楯板及背板） 4. 厚壳龟藤壶 *Chelonibia testudinaria*（a. 外形，b、c. 楯板及背板） 5. 间隔小笠藤壶 *Tetraclitella divisa*（a. 外形，b、c. 楯板及背板） 6. 兰笠藤壶 *Tetraclita coerulesocens*（a. 外形，b、c. 楯板及背板）

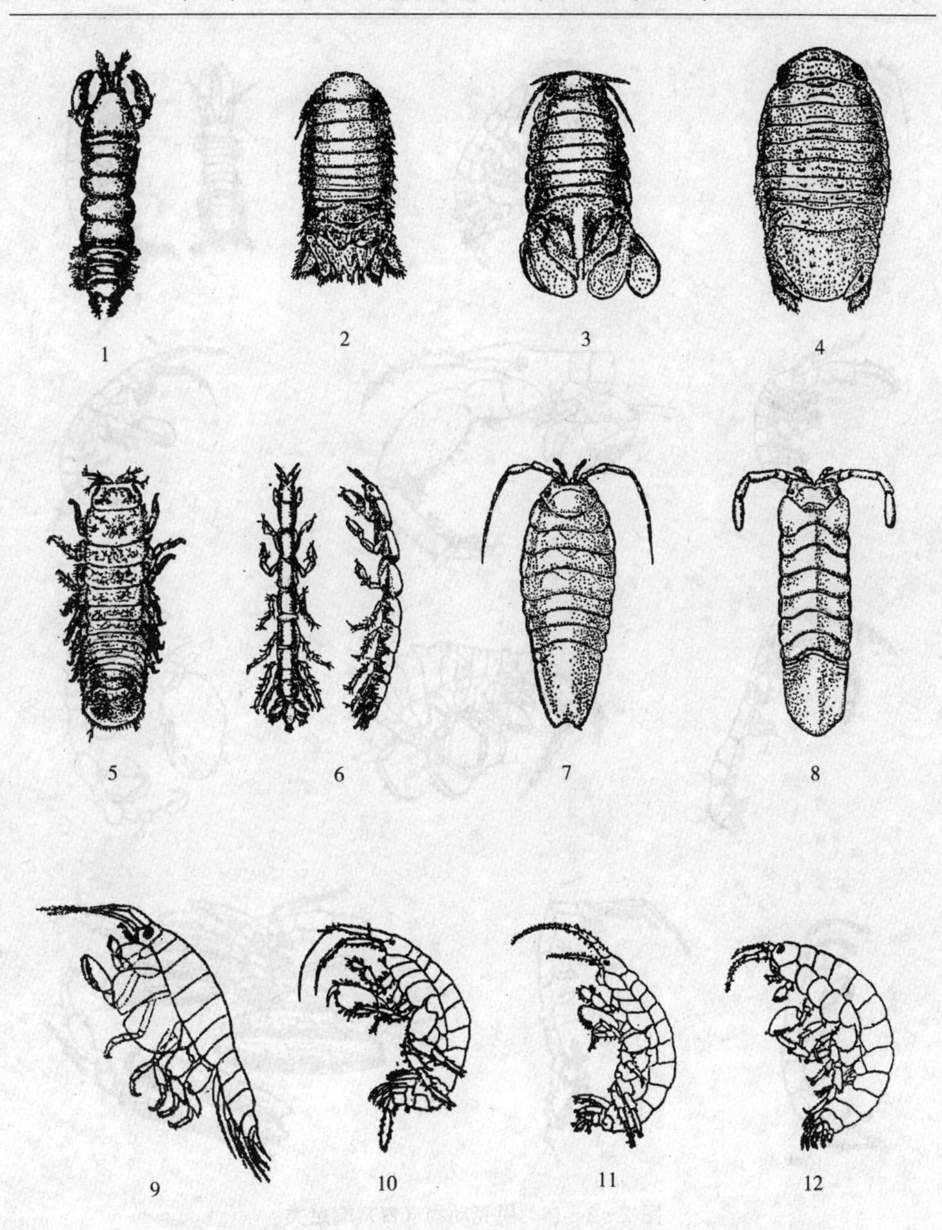

图 2-2-15 甲壳动物（三）等足类、端足类和异足类

1. 卡氏异足虫 *Tanais cavolinii* 2. 日本三叉水虱 *Cymodoce japonica* 3. 腔齿海底水虱 *Dynoides dentisinus* 4. 光背团水虱 *Sphaeroma retrolaevis* 5. 蛀木水虱 *Limnoria lignorum* 6. 圆等足虫 *Paranthura japonica* 7. 光背节鞭水虱 *Syngamus laryngeus* 8. 拟棒鞭水虱 *Cleantiella isopus* 9. 细足钩虾 *Stenothoe* sp. 10. 马尔他钩虾 *Melita* sp. 11. 日本片足虫 *Elasmopus japonicus* 12. 绿钩虾 *Hyale* sp.

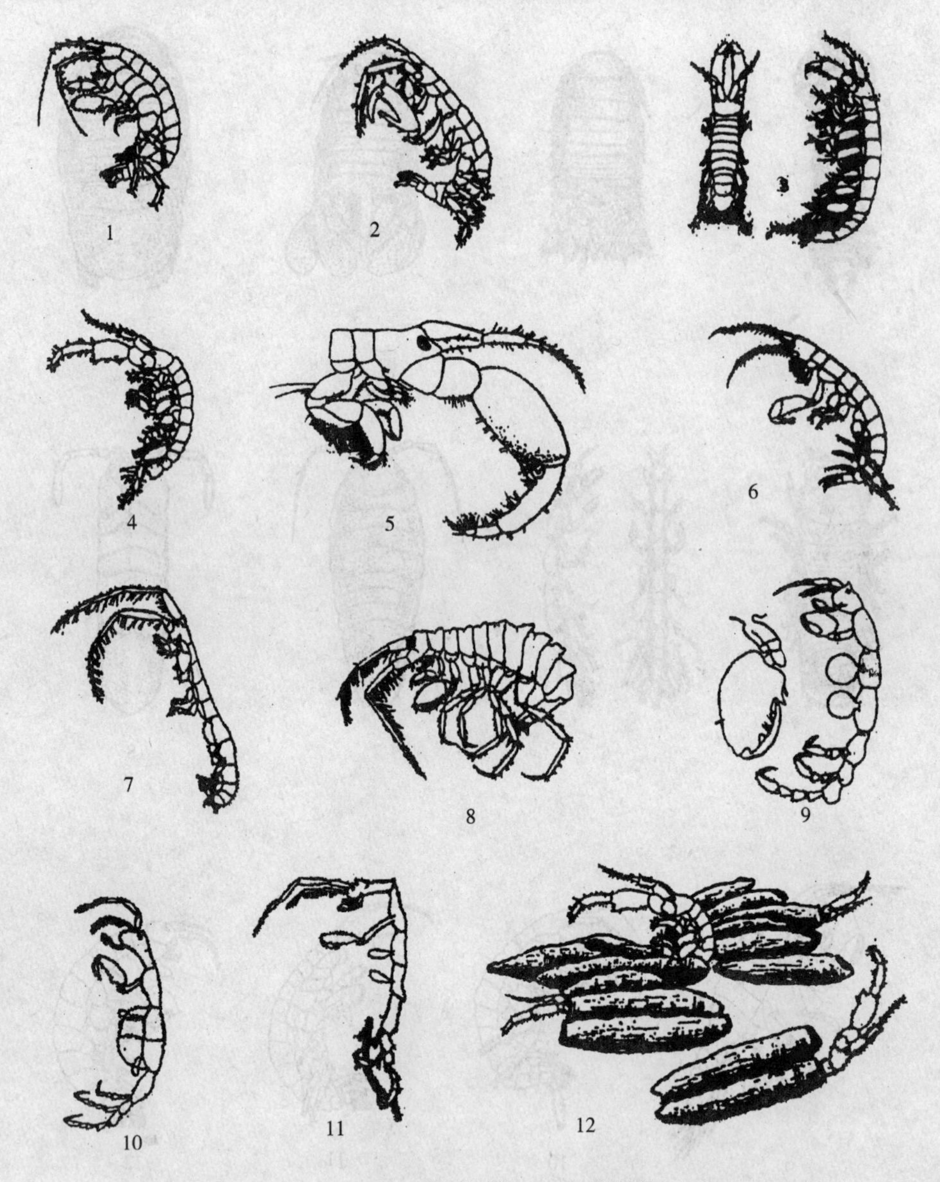

图 2-2-16 甲壳动物（四）端足类

1. 藻钩虾 *Ampithoe* sp. 2. 大螯蜚 *Jassa* sp. 3. 蜾蠃蜚 *Corophium crassicorne* 4. 尤氏蜾蠃蜚 *C. uenoi* 5. 尾刺蜾蠃蜚 *C. acherusicum* 6. 好斗蜚 *Ericthonius pugnax* 7. 管栖蜚 *Cerapus tubularis* 8. 黑管栖蜚 *Podocerus* sp. 9. 圆鳃麦秆虫 *Caprella acutifrons* 10. 长鳃麦秆虫 *C. equilibra* 11. 长鳃角麦秆虫 *C. scaura* 12. 尤氏蜾蠃蜚栖居情况

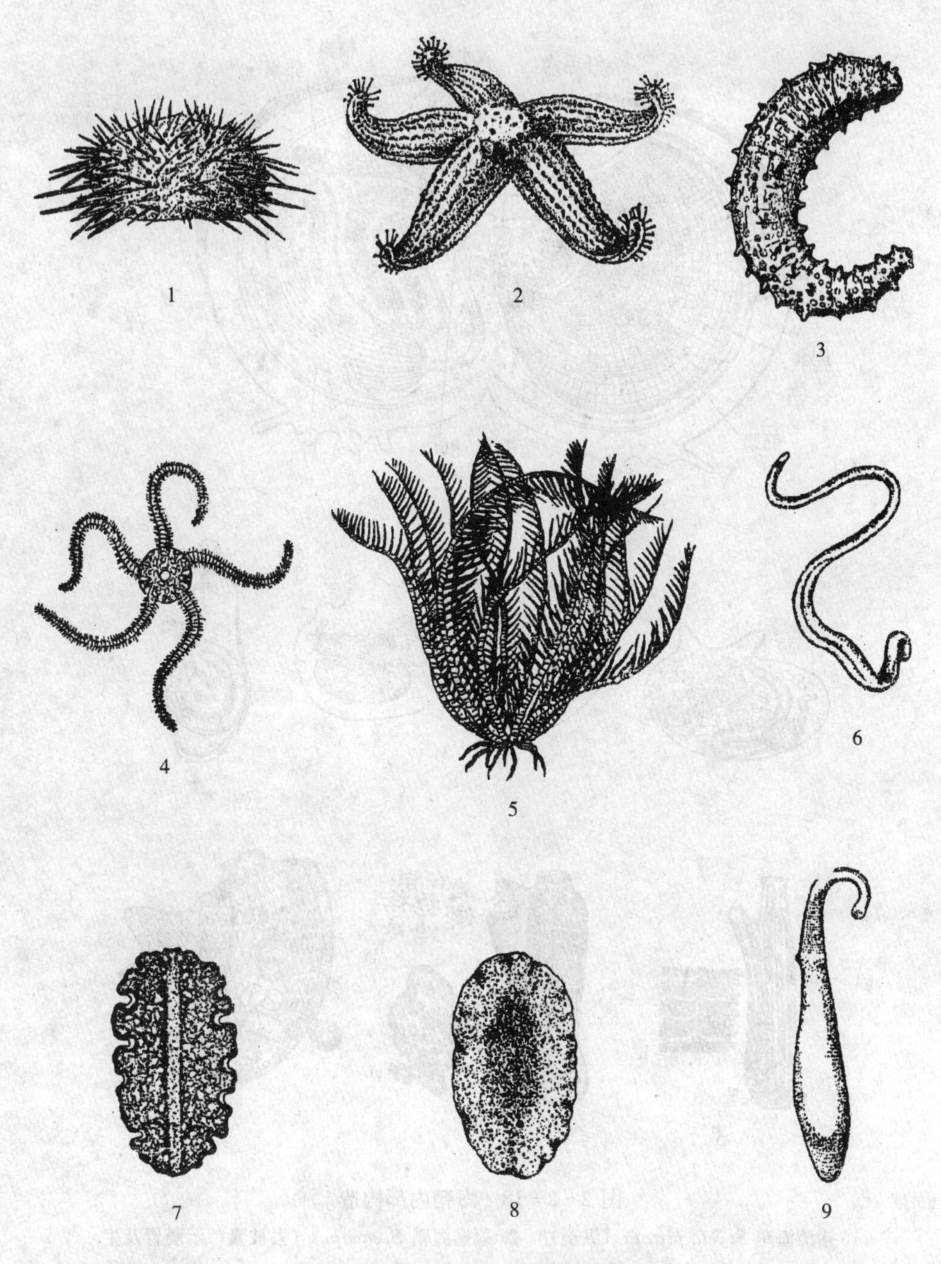

图 2-2-17　棘皮动物及其他蠕虫类

1. 细雕刻肋海胆 *Temnopleurus toreumaticus*　2. 异色海盘车 *Asterias versicolor*　3. 细五角瓜参 *Leptopentacta typica*　4. 真蛇尾 *Ophiura* sp.　5. 小卷海齿花 *Comanthus parvicirra*　6. 纽虫 *Euborlasia* sp.　7. 外伪角涡虫 *Pseudoceros exoptatus*　8. 柄涡虫 *Stylochus ihimai*　9. 革囊虫 *Phascolosom scolops*

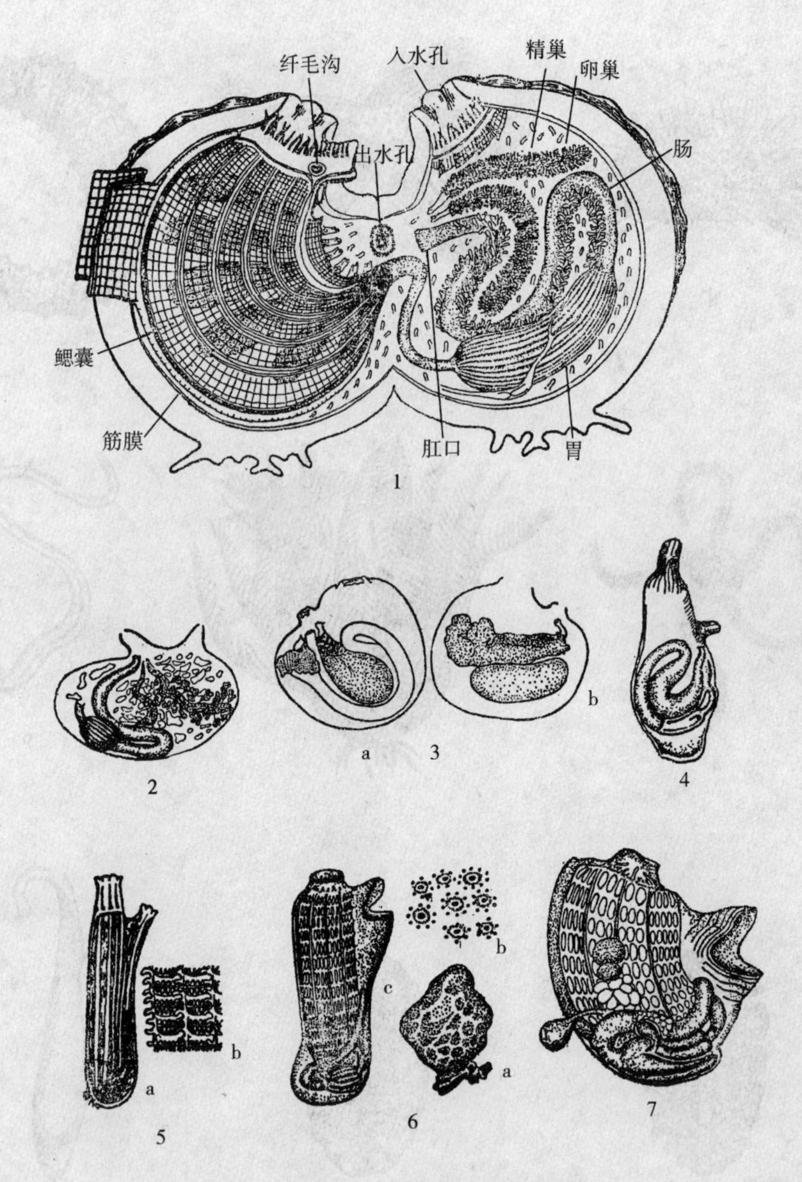

图 2-2-18 海鞘内部构造

1. 褶瘤海鞘 *Styela plicata*（纵剖） 2. 冠瘤海鞘 *S. canopus*（去被囊，示肠胃及生殖腺） 3. 曼氏皮海鞘 *Molgula manhattensis*（a. 去被囊左侧观，b. 右侧观）4. 悉尼海鞘 *Ascidia sydneiensis*（去被囊） 5. 玻璃海鞘 *Ciona intestinalis*（a. 自然观，b. 鳃裂放大） 6. 大菊海鞘 *Botryllus magnicoecus*（a. 群体自然观，b. 个体排列放大，c. 个体构造） 7. 史氏菊海鞘 *B. schlosseri*（去被囊，示肠胃、生殖腺和鳃裂）

二、海产无脊椎动物标本的保存处理方法

处理不同类型动物标本的基本方法是：把采到的标本，根据“可直接杀死固定”或“先麻醉再固定”的原则，进行分类。

（一）不经麻醉，直接杀死保存的动物

1. *海绵动物* 将标本放在盛有海水的器皿中，静止几分钟，可直接用80%的乙醇杀死，保存于70%的乙醇中（切勿用福尔马林，以免骨针被腐蚀）。

2. *扁形动物* 将涡虫放在备有海水的玻璃皿中，待虫体伸展，身体向前爬行时，用布安氏液溶液（Bouin's Fluid）从虫的尾部往头部很快的浇上。用此法固定，虫体不发生卷曲。保存方法同上。

3. *软体动物* 小型的双壳类或螺类，先用水洗净，对较有价值的标本，可直接浸入80%的酒精内保存。一般标本，可用加有重碳酸钠的5%福尔马林液保存。

4. *节肢动物* 虾或蟹先用10%的福尔马林杀死，然后保存在70%～80%的酒精或加有重碳酸钠的5%的福尔马林液内。

5. *棘皮动物* 海星、海燕和蛇尾等，若制成干标本，先用淡水浸泡除去盐分，在放于盘中，调整体形，用开水或福尔马林液杀死，晒干即可。

（二）先经麻醉，然后固定保存的动物

1. *腔肠动物* 水螅虫、海葵等，先用海水饲养，海水应高出于虫体2～3cm，静放1～2h，待身体及触手充分伸展时，用硫酸镁沿着容器四周投放（切勿将麻醉药投在海葵身体的四周，以免发生收缩现象）。经3～5h的麻醉后，触及动物体及触手时不在发生收缩，用浓福尔马林液将其杀死，再以纯福尔马林液倾入盛有海葵的水中，使水成5%的溶液，经2～3h，再将海葵移入5%的福尔马林溶液中保存。在麻醉过程中，不要移动容器，因海葵受到触动或刺激，即发生收缩而不易展开。另外，还要很好掌握麻醉时间，过长、过短都可导致收缩。

2. *纽形动物* 先将纽虫放在盛有海水的白瓷盘中，待身体完全伸展开，用50%的乙醇慢慢滴入，经2～3h麻醉后，保存于5%的福尔马林液中。

3. *多毛类动物* 先将动物放在盛有少许海水的白瓷盘中，使动物伸展开，待其腹内泥沙等废物都排出后，加入10%乙醇麻醉，待其吻完全伸

出后，用镊子夹住大颚，起吻全部拉出，然后放入5%的福尔马林溶液杀死保存。

4. *软体动物* 石鳖类先以饱和硫酸镁液麻醉2～3h后，将动物夹在两片载玻片之间，用线扎紧，投入5%福尔马林液中保存。海牛等也必须先用硫酸镁麻醉数小时后，加满海水，盖紧瓶口，勿使瓶内留有空气。20h后，动物被窒息而死，取出后用上法保存。

5. *头足类（乌贼、章鱼）* 用硫酸镁麻醉数小时后，先向体内注射10%的福尔马林液，然后再用上法保存。

6. *棘皮动物* 海星、海燕和蛇尾等，欲使其管足伸展，应将其反置于盛海水的玻缸中，用硫酸镁麻醉2～3h，用95%的乙醇或10%的福尔马林由动物的围口膜注入体腔内，直到每个管足都充满液体竖起为止，然后在70%的酒精或5%的福尔马林液（加重碳酸钠）内保存。海参类遇刺激性药品会收缩，且能将内脏、呼吸器官喷出，所以应先将海参置于宽阔容器内饲养，待身体及触手完全伸展后，用硫酸镁或薄荷精一点点加入水中进行麻醉，再用解剖针触动动物体及触手不在收缩为度，然后用5%的福尔马林液杀死、固定并保存。

经过处理的动物，置于保存液内，然后根据种类不同，分装到标本瓶内，将写好采集地点及日期的标签投入瓶内，以蜡封瓶口，待以后鉴定。

注：在5%福尔马林溶液中，加过量的重碳酸钠，出现沉淀即可，重碳酸钠具有中和福尔马林酸性的作用。

第三节 大型底栖动物生态调查

海洋大型底栖动物是指生活在海洋底层（基底表层和沉积物中），个体不能通过孔径0.5mm筛网的动物，包括海绵动物、腔肠动物、线形动物、环节动物、软体动物、甲壳动物、棘皮动物、脊索动物、鱼类等各大分类系统的代表。

一、底栖动物的分类

根据底栖动物与底质的关系，可以将底栖动物分为3种类型：

1. *底上生活型*（epibenthos） 在各种底质上部营固着、附着和在底质表面上移动的生态类群。

（1）固着动物（sessile benthos）：幼体浮游生活，固着变态后，终生不再移动。包括全部的海绵动物、全部苔藓动物、大部分的腔肠动物、部分多毛类、甲壳类的藤壶、许多贝类和尾索动物海鞘等。

（2）附着动物（attached benthos）：这类动物附着生长后仍可移动。例如贻贝、扇贝、珠母贝，它们用足丝附着；环境不利时，放弃旧足丝，移至新环境中再分泌新的足丝附着。

（3）匍匐动物（crawling benthos）：栖居于水底表面能移动，包括螺类、海星类、海胆类、海参类、双壳类。它们一般具有宽大、扁平的基部和体形，适于在水底保持平衡。

2. 底内生活型（endofauna/infauna）　生活与海底泥沙或岩礁内的种类，有管栖、穴居和潜钻底内的不同类型，也包括一些钻孔动物（如海笋、船蛆、蛀木水虱、团水虱等）：

（1）管栖动物（tubicolus zoobethos）：动物能分泌栖管，埋栖于沙泥中。如多毛类磷沙蚕生活在U形革质管内，管外壁黏附砂粒和壳片。管的两端开口，虫体终生栖居管中。身体中段疣足的腹肢变成腹吸盘吸住管壁；背肢变为扇状体（鼓动器）激动管内水流。

（2）埋栖动物（immersed zoobenthos）：动物能挖洞穴居或能自由潜入。如多毛类环节动物、双壳类软体动物、螺类、穴居的蟹类、蝶嬴蜚、棘皮动物海蛇尾等。

（3）钻蚀动物（boring zoobenthos）：动物具有特殊的机能，通过物理或化学方式在岩石、木材中钻蚀出管道作为其栖居的场所。如软体动物的海笋——凿石类钻蚀动物，其钻蚀的物体是岩石或贝壳；软体动物的船蛆和甲壳类的蛀木水虱——钻蚀木类动物。

3. 底游生活型（vagile benthos）　既生活于底上，又可在底内生活，但又常做游泳活动的种类，如虾类、蟹类、比目鱼、鳎、虾虎鱼等。

大型底栖动物由于活动能力小或定生，地区性强，易受人类活动的干扰和污染的影响。因此，通过对此种类组成、密度、生物量、丰度、多样性、生长率、生殖率等的调查，能较可靠的反映海域污染的生态效应。

二、调查内容

生物调查：鉴定生物种类，测定栖息密度和生物量，分析其相对丰度和群落多样性。

三、调查方法

调查之前，应对调查水域的基本状况有所了解，包括陆上和海上污染源的位置分布，海区的底质类型，海流，泥沙运动和底栖生物的基本特点等，并应进行必要的社会调查，特别要注意沿海工业和海上工程建设对海区环境的影响，为制定调查方案提供依据。

1. 站位布设　站位的布设应结合海区的水文、水质、底质的环境资料综合考虑，特别要注意水深、沉积类型和底栖动物区系异同。如有污染源时，应尽量使调查站位与底质污染调查一致，以便更好地反映底质污染对底栖生物的影响，同时还应选择生态类型相同的非污染点或断面作为参照，以便进行资料对比和评价。

2. 调查类型和次数　根据具体情况和需要，选择若干固定月份和若干站点定期取样分析。

3. 取样面积、次数和手段

(1) 采泥样：一般使用0.1m² 采泥器，每站区 5 次；在港湾中或无动力设备的小船上，可用0.05 m² 采泥器，每站区 5 次。特殊情况下，不少于 2 次。

(2) 拖网取样：必须在调查船低速（2kn 左右）时进行。如船只无 2kn 的低速挡，可采用低速间歇开车进行拖网。每站拖网时间一般为 15min；半定量取样，拖网时间 10min（以网具着底时算起至起网止）。深水拖网，可适当延长时间。

四、样品采集

采集工具和设备。

1. 采泥器

(1) 彼德生氏（Petersen）底样采集器：是目前国内较普遍使用的一种采集工具，形似蚌壳，亦称蚌斗式采集器，构造简单，制作容易，借自身重量与上提时两铁壳自然拉拢后而得半月形泥层，因而适用于松软底质。当用于石砾底质时，可在两铁壳口边缘加上齿状板挖取底样。当前国内常使用改良彼德生式采集器，采集面积有 1/16m² 与 1/20m² 等。

(2) 套筛：由 3 层不同孔宽的筛子和支架组成，上层筛的孔宽为 2.0～5.0mm，中层为 1.0mm，下层为 0.5mm。必须与旋涡分选装置配合使用。

2. 其他工具和器材　见表 2-3-1。

表 2-3-1　大型底栖动物生态调查器材、药品一览表

编号	品　名	规　格	数　量	编号	品　名	规　格	数　量
1	网具	（根据调查目的要求和海区底质情况选带）	各2个	25	数码相机		1台
				26	解剖镜		1架
2	采泥器	（同上）	各2个	27	台架扩大镜	25×0.10×	2架
3	套筛（过滤器）	见正文	2套	28	手执扩大镜	0.5	2个
4	白铁盘	cm：80×50；100×70	各2个	29	称（具钩及盘）	10×	1架
5	铁钩	长1.5m	2把	30	托盘式扭力天平	感量50～100g	1架
6	小铲子	铁制	2把	31	闹钟	感量0.01g	1只
7	镊子	大、中、小	各3把	32	薄荷脑		50g
8	剪子	解剖剪（不锈钢）及普通剪	各2把	33	水合氯醛		500g
				34	海上工作日志		2～3本
9	刀子	不锈钢的普通刀及解剖刀（大小）	各2把	35	海上采集记录表		若干
				36	木板记录夹		3个
10	酒精	95%	1 000ml	37	绘图墨水		2瓶
11	甲醛	36%	1 000ml	38	绘图笔杆及笔尖		4支
12	搪瓷盘	cm：70×50；100×40；40×30；30×20	各2个	39	钳子	大、小	各1把
				40	活扳手	大、小	各1把
13	塑料桶	10 000ml	2个	41	螺丝刀	大、中、小	各1把
14	漏斗	直径18cm	2个	42	钉锤		1把
15	量筒	1 000ml、500ml	各2个	43	卡环（活链环）	大、小	各10个
16	培养皿	直径7cm、9cm、12cm	各10套	44	转环	大、小	5个
17	广口瓶	500ml、250ml、125ml、60ml、30ml等	各1个	45	眼环	大、小	各20个
				46	花兰螺丝		5个
18	指管	mm：90×30、90×25	各5个	47	量角器		2把
19	铁皮箱	浸制大型标本用	2个	48	抽水泵	735W	1台
20	标本桶	浸制大型标本用	10个	49	手电筒	大	2把
21	注射器	20ml	10支	50	雨具（雨衣、雨鞋）		每人一套
22	针头	20号或18号	1盒	51	硼砂（或六胺）及甘油		视站数而定
23	纱布		2m				
24	拖网及采泥标签、竹签	视站数而定					

五、处理方法

1. 拖网取样

(1) 网具的选择：根据调查海区各站的深度与底质状况选择适应网具。较硬的底质用阿氏拖网或三角形拖网；岩石或砾石较多以及海藻丛生的区域，使用双刃拖网。

深海作业，一般使用大型阿氏拖网，在港湾中可以使用小型拖网（网口宽0.7～1m）。

（2）投网：拖网应在每一测站调查项目完成后进行。调查船以低速离站开航，航向稳定后投网。开动绞车将网具吊于舷外，理顺网衣和网架，然后慢速下降。放出绳长一般为水深的3倍左右，近岸浅海可更长些。在水深100m以下工作时，因钢丝绳重量大，绳长不宜超过水深的2倍。拖网的航速控制在2kn左右，船速大于4kn时，可采取间歇开车，利用船体的滑行速度拖网。

拖网过程中，应有专人监视网具的工作状况，并根据钢丝绳的倾角和张弛程度或张力表来判断网具是否着底并正常运行。遇有异常，应立即停车、放绳或起网。拖网时间是从放绳完毕，网着底始至起网止。

（3）起网：应先减低船速，然后起网。当网升至水面时，应以慢速使网具离开水面，网尾部接近船舷时停车。转动吊杆方向（吊杆不能转动时用铁钩等将网具拉入舷），慢慢将网放下，使网袋后部落在备好的铁盘内。解开网袋，将捕获物倾入盘中。网袋内如有泥沙，则移入2mm套筛冲洗，并将挂夹在网目上的生物挑拣干净。

六、标本处理和保存

1. 处理　自网中取出标本后，按类群或大小、软硬分别装瓶，避免标本损坏。标本量大时，可取其中部分称重和计算各种类个体，换算成标本总数量。保留一定数量个体数（大、中、小个体），作为生物学等测定，余者经称重后处理掉。称重和计数结果认真做好记录。

发现具典型生态意义的标本，及时拍照且进行有关生物学的观察及测量。需培养和麻醉的生物，用海水冲洗干净，并尽量减少刺激、损伤。标本按类群分离完毕，按个体大小分类于不同规格的标本瓶或铁皮箱。放入铁皮箱的标本，用纱布包好附上竹签。装入容器的标本量不得超过体积的2/3。

2. 固定、保存　标本在野外固定时，除海绵动物用85%酒精外，其余各类均可先用5%中性福尔马林（加适量硼砂或六胺）。较大鱼类应用针筒将固定液注入体腔，海胆等大型棘皮动物，需在其围口膜处刺一小孔，将固定液渗入。

标本带回实验室，应及时分离，并按需要更换固定液。一般而言，用5%中性福尔马林固定保存。若标本不能及时分离，亦应更换一次固定液。

七、采样记录和登记

1. 采样记录　每站取样时，按表2-3-2的各项填写。记事栏记录该站工作的情况。

表 2-3-2 大型底栖动物定性采集种类分布表

站号	标本号	采集日期	数量（个）	深度（m）	底温（℃）	底盐	底质	附注

标本鉴定者________ 校对者________

2. 标签 每号标本瓶中需放标签。标签在填写采样记录表时一并写好。放在铁皮箱中的大个体生物，应另加一个竹签。竹签上应有站号、标本编号和日期等。标签、记录表和标本三者应相符，切勿误投，以免混淆。

标本编号：

(1) 采泥标本编号：M j A K。

M——调查船代号；

j——取样站位序号，(j=1，2，3，…)；

A——采泥标本符号；

K——采泥标本序号，(K=1，2，3，…)。

(2) 拖网标本编号：M j B i。

M——调查船代号；

j——取样站位序号；

B——拖网标本；

i——拖网标本序号，(i=1，2，3，…)。

八、标本归类和采集工具保养

1. 标本归类　标本处理、分离、投放标签及固定完毕后，按各大类群分别装箱。海上难分离的样品，带回实验室处理。

2. 工具保养　每航次工作结束，对所用工具进行清理和保养。网具、采泥器、旋涡分选器及其他用具（套筛、铁盘、搪瓷盘、剪刀、镊子等）均用淡水冲洗，晾干，关键部位用纱布揩干涂上黄油。损坏和丢失的器材及时维修、补充。

九、室内标本处理

1. 标本核对　检查全部标本编号、数量等与海上记录表的内容是否相符。遇有不符，及时查找。

2. 标本鉴定　无论按标本编号或站号顺序鉴定标本，对主要种应尽可能鉴定到种。同时认真做好记录。

3. 标本编号　鉴定的种类按顺序在采泥或拖网标本序号（K 或 i）后另起一个新序号（如 K－1，K－2，…），有多少种类就编多少号。同时将种名写在新标签上。

4. 标本分析

(1) 称重：将标本放于滤纸上吸去表面水分，去除管栖动物的管子、寄居蟹的寄居外壳、体表伪装物和其他附着物，用感量 0.01g 扭力天平称取湿重。若要称量干重，应将标本用淡水或蒸馏水冲洗，吸取表面水分，置 70～100℃烘箱中至恒重（用 0.000 1g 天平称量）。必要时，可分壳肉称量和称取灰分重。称重结果做好记录。群体生物（苔藓虫\珊瑚等）和定性标本不称重。

(2) 计数：对易断的纽虫\环节动物只计头部。软体动物死壳不计数。标本量大时，可取部分称重记数换算，数据经过归纳整理，做好记录。

(3) 测量：主要种体长\体宽和体高的测量，按各类群规定的测量法进行。

十、资料整理

1. 数据计算和表示

(1) 数据计算：

① 生物密度和生物量的换算。将所有站位的实测生物个体数和生物量数据按其采样面积换算成个/m^2 和 g/m^2，分别表示生物密度和生物量。

② 生物密度和生物量统计。将各站位各类群生物密度填入表 2-3-3 中，并对各栏数据进行累加，求得整个海区的平均值。将各站位各类群生物量填入表 2-3-3 中，并对各栏数据进行累加求得整个海区的平均值。

③ 各生物类群的组成百分比。根据表 2-3-3 汇总的数据，计算各类群的生物密度和生物量在各站位和整个海区的组成百分比。

④ 分别利用种群多样性指数（*shannon* 指数，H′）、种类均匀度指数（J）和 *Simpson*（S'）指数计算各站底栖动物状况，计算方程为：

$$H' = \sum_{i=1}^{x} = -\frac{N_i}{N}\log_2\frac{N_i}{N}$$

$$J=\frac{H'}{H_{\max}}=\frac{H'}{\log_2 S}$$

$$S'=\frac{N(N-1)}{\sum_{i=1}^{x} n_i(n_i-1)}$$

其中：S——样品的种类数；

N——总的个体数；

N_i——第 i 种的个体数。

（2）数据表示法：

① 生物密度分布图。根据表 2-3-3 的数据，按不同的量级（小于 5＼10＼25＼50＼100＼250＼大于 500）分别填入海图上的相应站位，然后以内插法绘出等值线图，或用不同大小的圆圈表示不同量级的密度分布图。

② 生物量分布图。将表 2-3-3 中的数据（按总生物量或各类群）分别填在海图上相应的站位，用内插法绘制等值线。一般按小于 1＼5＼10＼25＼100＼250＼500＼1 000g 等量级取线。

③ 各类群生物密度和生物量组成百分比图。按各类群生物所占密度或生物量百分数比例绘制成圆形图。不同类群可以不同线条或图案装饰，使之更直观。也可用矩形方块图或其他表示法。

④ 种类分布图。取主要种的有关数据绘制分布图。这些种类可分别以不同符号表示，每张图可画一至数个种。

（3）数据的保留：除按传统的资料归档方法保存资料外，有条件时可输入电子计算机，用磁盘贮存。

表 2-3-3 大型底栖动物定量采集记录表

第　　页

项目编号＿＿＿＿＿＿，地点＿＿＿＿＿＿，断面＿＿＿＿＿＿，站号＿＿＿＿＿＿，
样方号＿＿＿＿＿＿，潮带＿＿＿＿＿＿，底质＿＿＿＿＿＿，取样面积＿＿＿＿＿＿m^2，
样方层次厚度＿＿＿＿＿＿cm，采样日期＿＿＿＿年＿＿＿＿月＿＿＿＿日。

次序	种　名	数量（个）	密度（个/m^2）	生物量 g	生物量 g/m^2	备　注
1						
2						
3						
4						
5						
6						
7						
8						
9						
10						
11						
12						
13						
14						
15						
16						
17						
18						
	合　计					

称重者＿＿＿＿＿＿　填表者＿＿＿＿＿＿　校对者＿＿＿＿＿＿

第四节　潮间带无脊椎动物生态调查

潮间带是海洋与陆地交界的中间地带，其上界为最高高潮水面，下界是最低低潮水面。该地带生境的最显著特点是潮汐规律性地涨落，使处于不同水平高度的岸滩的环境条件有着明显的不同。因此，潮间带生物在长期适应过程中，出现了明显的垂直分布现象，每种生物都有一定的分布范围，形成了若干生物垂直分布带。

潮间带的无脊椎动物是生活在潮间带底表或底内的动物。它们是底栖生物

的一种特定生态类群。大多以固着、附着、管栖、穴居、底爬、匍匐等方式栖息于潮间带，具有活动能力低和活动范围小等生态特点。

潮间带特别易受陆缘污染物排放的直接影响；人为的干扰也特别容易造成生境的破坏；而且，岸滩因潮汐退落而露出，便于观察和采样。因此，开展潮间带无脊椎动物的生态调查对于污染生态效应的调查研究具有特殊意义。

一、调查内容和方法

1. 调查内容　开展不同生境无脊椎动物的种类、数量（栖息密度、生物量或现存量）及其水平和垂直分布的调查。

2. 调查方法

（1）调查地点的选择：

①选点时首先应了解有关地点的历史、现状和未来若干时期的可能变化（如建厂、围垦和其他海岸工程建设）。

②选点应根据调查目的、结合污染源分布状况，考虑污染可能影响的范围而确定。

③调查区内可能有沿岸、沙滩、泥沙滩、泥滩等多种海岸类型，选点应力求包括有不同类型，若有困难，为保证资料的可比性，所选的点的底质类型应力求一致。

④应在远离污染源的地方，选一生态特征大体相似的清洁区（非污染区）作为对照点。

（2）调查时间：

①潮间带采样受潮汐限制，为获得低潮区（带）样品，需在大潮期间。若断面或站数较多而工作量较大时，可安排大潮期间调查各断面的低潮区（带），小潮期间再进行高、中潮区（带）的调查。

②基础调查，应按生物季节（春：3～5 月；夏：6～8 月；秋：9～11 月；冬：12～2 月）开展调查。

二、野外调查

1. 采样工具和其他配备

（1）采样器和定量框：

①泥、沙等软相底质的生物取样，用滩涂定量采样器。其结构包括框架和挡板两部分，均用 1.5～2.0mm 厚的不锈钢板弯制而成。规格（cm）：25×25

×30。配套工具是平头铁锹。

②沿岸生物取样用25cm×25cm的定量框。若在高生物量区取样，可考虑用10cm×10cm定量框。计算覆盖面积，则用相应的计数框。其框架可用镀锌铁皮或3mm厚的塑料板制成。配套工具有小铁铲（或木工凿子）、刮刀和捞网。

(2) 其他配备：野外调查应配备的其他工具、器材、药品等列于表2-4-1中。

表2-4-1 潮间带生物生态调查器材、药品一览表

序号	品名	规格	数量	序号	品名	规格	数量
1	定量采样器	cm：25×25×30	1～2个	19	捞网	网目1mm	2个
2	铁锹	平头，20cm×15cm	2把	20	搪瓷碗	白色	若干
3	定量框	cm：25×25和10×10	各2个	21	镊子	钝头和尖头	各若干
4	计数框	cm：25×25和10×10	各2个	22	标管（指形）	90mm×30mm和90mm×25mm	各若干
5	小铁铲（凿）	口宽2～3cm	2把	23	标志绳索	聚乙烯，长50m（每5m有一标志）	1条
6	刮刀		2把				
7	标本瓶（广口）	60ml、125ml、250ml、500ml	各若干	24	纱布	普通	若干
8	皮卷尺	15～20m	1盘	25	棉纱绳	直径2mm	若干
9	指南针	附水平仪（普通）	1架	26	橡皮圈		若干
10	望远镜	普通	1架	27	量筒	100、1 000ml	各1个
11	塑料食品袋	大、中、小	各若干	28	麻醉剂	水合氯醛和乌来糖	若干
12	采集桶	镀锌铁皮制，背带式	2个	29	固定剂	5%福尔马林	若干
13	解剖盘	搪瓷，21cm×27cm	4个	30	染色剂	虎红	若干
14	网筛	网目1mm	2个	31	标签	定量、定性及竹制标签	各若干
15	标本箱	木制	若干	32	记录表	野外采集记录表	若干
16	铁锤	羊角锤和乳子锤	各1把	33	工作日记		每人1本
17	钢丝钳	264mm（8寸）	1把	34	铅笔	HB	若干
18	剪刀	解剖剪和普通剪	各1把	35	小刀		2把

2. 生物样品采集

(1) 定量取样：

① 滩涂定量取样用定量采样器，样方数每站通常取8个（合计0.5m³）。若滩面底质类型较一致、生物分布较均匀，可考虑取4个样方。样方位置的确定切忌人为，可用标志绳索（每隔5～10m有一标志）于站位两侧水平拉直，各样方位置要求严格取在标志绳索所标位置。无论该位置上生物多寡，均不要移位。取样时，先将取样器挡板插入框架凹槽，用臂力或脚力将其插入滩涂内；继而观察计数框内表面可见的生物及数量；然后，用铁锹清除挡板外侧的

泥沙再拔去挡板，以便铲取框内样品。铲取样品时，若发现底层仍有样品存在，应将取样器再往下压，直至采不到生物为止。若需分层取样，可视底质分层情况确定。

② 若沿岸取样一般用 25cm×25cm 的定量框，每站取 2 个样方。若生物栖息密度很高，且分布较均匀，可考虑用 10cm×10cm 的定量框。确定样方位置应在宏观观察基础上选取能代表该水平高度上生物分布特点的位置。取样时，应先将框内的易碎生物（如牡蛎、藤壶等）加以计数，并观察记录优势种的覆盖面积。然后再用小铁铲、凿子或刮刀将框内所有生物刮取干净。

③ 对某些栖息密度很低的底栖生物（如海星、海胆、海仙人掌等）或营穴居、跑动很快的种类（沙蟹、招潮蟹、弹涂鱼等）可采用 $20m^2$、$50m^2$ 或 $100m^2$ 的大面积计数（个数或洞穴数），并采集其中的部分个体，求平均个体重，再换算成单位面积（m^2）的数和量。

（2）定性采集：为全面反映各断面的种类组成和分布，在每站定量取样的同时，应尽可能将该站附近出现的动植物种类收集齐全，以做分析时参考，但定性样品务必与定量样品分装，切勿混淆。

三、生物样品的淘洗与预处理

1. **生物样品的淘洗**　过筛器淘洗法：用于人工的方法，对生物样本进行淘洗。

2. **生物样品的预处理**

（1）采得的所有定量和定性标本，需经洗净，最好能按种分瓶装好（或用封口塑料袋装）。若容器不足，应按食性及个体软硬分装，以防标本损坏。

（2）滩涂定量调查，若因时间关系，不能将余渣中的标本拣取干净，可只拣出特殊标本后，把余渣另行装瓶（袋），回实验室在双筒解剖镜下仔细挑拣。

（3）谨防不同站或同一站的定量和定性标本混杂，务必按站位在定量或定性标本装瓶（袋）后，立即用铅笔写好标签，分别投入各瓶（袋）中，标签式样如下：

定量标签			定性标签		
项目编号	地点		项目编号	地点	
断面	潮区	站号	断面	潮区	站号
样方号	标本号		标本号	底质	
底质	取样面积　m^2		日期　年	月	日
日期　年	月	日	种名		
种名					

(4) 按序加入5%左右的中性福尔马林固定液。余渣固定时，可依固定液水样量，按1 000ml加入1g曙红（Eosin）($C_{20}H_6Cl_2I_4O_5$) 的量染色，便于室内标本挑拣。

(5) 为方便标本鉴定，对一些受刺激易引起收缩或自切的种类（如腔肠动物、纽形动物），宜先用水合氯醛或硫酸镁少许进行麻醉后再行固定；某些多毛类（如沙蚕科、吻沙蚕科），可先用硫酸镁麻醉，然后用镊子轻夹头部使吻伸出，再加固定液。

3. 野外记录　野外记录要有专人负责，认真填写“潮间带生物野外采集记录表”（表2-4-2）；绘制站位分布图；记录环境基本特征、生物分布、生物异常等现象；负责填写标签。

野外记录是第一手资料，应用铅笔（或碳素墨水）填记，字迹必须清晰，禁止涂改，记后应妥善收存，严防受潮或丢失。

四、室内标本整理、鉴定和保存

1. 标本整理

(1) 核对：

① 按调查地点、断面、站序，将定量和定性标本分开。

② 依野外记录，核对各站取得的标本瓶（袋）数，发现不符，应及时查找。

(2) 分离、登记：

① 标本分离需按站进行，必要时可按样方分离，以免不同站（或不同样方）的标本混入。若有余渣带回，切勿遗忘将其中标本拣出归入。

② 分离的标本经初步鉴定，以种为单位分装，并及时加入固定液。除海绵、苔藓虫等含钙质动物改用75%酒精固定外，其余仍用5%左右的中性福尔马林保存。

③ 按分类系统依次排列、编号，用绘图墨水写好标签，标签上填写的除标本号和种名因分离可能改变外，其余各项均应与野外投放的标签一致。待墨汁干后，分投各标本瓶中。

④ 新编序号分别将定量和定性标本登记于表2-4-3的“潮间带生物定量采集记录表”和表2-4-4的“潮间带生物定性采集记录表”中。

(3) 称重、计算：

① 定量标本需固定3d以上方可称重，若标本分离时已有3d以上的固定时间，称重可与标本分离、登记同时进行。

② 称重时，标本应先置吸水纸上吸干体表固定液。称重软体和甲壳动物保留其外壳（必要时，对某些经济种或优势种可分别称其壳和肉重）。大型管栖多毛类的栖息管子、寄居蟹的栖息外壳以及其他生物体上的伪装物、附着物，称重时应予剔除。

③ 称重采用感量为0.01g的药物天平、扭力天平或电子称。在称重前或后还需计算各种生物的个体数（沿岸采集的易碎生物个体数由野外记录查得，群体仅用重量表示）。

④ 将称重、计数结果填入表2-4-3各相应栏目，并注明是湿重（福尔马林湿重或酒精湿重）、干重（烘或晒）。必要时可考虑称其灰分重。

⑤ 依据取样面积，将表2-4-3中各种数据换算单位面积的栖息密度（个/m^2）和生物量（g/m^2）。

2. 标本鉴定

① 优势种和主要类群的种类应力求鉴定到种，疑难者可请有关专家鉴定或先行进行必要的特征描述，暂以SP_1、SP_2、SP_3……表示，容后再行分析、鉴定。

② 鉴定时若再发现一瓶中有两种以上生物，应将其分出另编新号，注明标本原出处，并及时更改标签和表格中有关数据。

③ 种类鉴定结果若与原标签初定种名不符，宜应立即更换标签和更改表中有误种名。

3. 标本保存　经鉴定、登记后的标本，应按调查项目编号归类，妥善保存，以备检查和进一步研究。且需建立制度，定期检查、添加或更换固定液，以防标本干涸和霉变。

4. 资料整理

(1) 种类名录：根据表2-4-3“潮间带生物定量采集记录表”和表2-4-4“潮间带生物定性采集记录表”，将每次采得的所有种类按分类系统依次列出，各种名后标明中名（或俗名）、采集时间、地点、断面、站号及潮间区（带）。

(2) 种类组成表：根据各种名录，以断面或取样站为统计单位，计算各生物类群的种数和比率，自制表格，记录数据。

(3) 种类定量分布表：为便于分析各种类时空分布特点，可依据表2-4-3记录，以种为单位，将其在各断面、各站位、各不同季节的栖息密度和生物量汇总登记于表2-4-3“潮间带生物定量种类分布表”中。

表 2-4-2　潮间带生物野外采集记录表

第　　页

项目编号____________，地点____________，断面____________，站号____________，

样方号____________，潮带____________，站距____________m，底质____________，

取样面积________m^2，样品厚度________cm，气温________℃，水温________℃，底温________℃，

气象________，露出时间________，淹没时间________，日期____年____月____日。

定量标本瓶数		定性标本瓶数	
主要种类或类群	个数	覆盖面积（m^2）	生态特征

记事：

采集者____________　　记录者____________　　校对者____________

表 2-4-3　潮间带生物定量采集记录表

第　　页

项目编号________，地点________，断面________，站号________，
样方号________，潮带________，底质________，取样面积________ m^2，
样方层次厚度________ cm，采样日期________年________月________日。

次序	种　名	数量（个）	密度（个/m^2）	生物量		备　注
				g	g/m^2	
1						
2						
3						
4						
5						
6						
7						
8						
9						
10						
11						
12						
13						
14						
15						
16						
17						
18						
	合　计					

称重者________　填表者________　校对者________

表2-4-4 潮间带生物定性采集记录表

第　　页

项目编号＿＿＿＿＿，地点＿＿＿＿＿，断面＿＿＿＿＿，站号＿＿＿＿＿，
潮带＿＿＿＿＿，底质＿＿＿＿＿，采样日期＿＿＿＿＿年＿＿＿＿月＿＿＿＿日。

次序	种　名	俗名	数量（个）	备　注
1				
2				
3				
4				
5				
6				
7				
8				
9				
10				
11				
12				
13				
14				
15				
16				
17				
18				
19				

称重者＿＿＿＿＿　填表者＿＿＿＿＿　校对者＿＿＿＿＿

第五节　近岸贝类养殖筏区污损生物类群的调查

海洋网笼养殖是目前被广泛采用的贝类集约化养殖方式。贝类养殖筏区污损生物的大量出现是影响网笼养殖业生产效率的重要因素。它们大量附着于网笼网衣、笼内隔板及贝壳上，堵塞网目，影响笼内外的水质交换，与养殖种类争食夺饵，加速网笼的老化。如何有效地防止和减少污损生物对养殖网笼的危

害，已成为水产养殖业的重要研究课题之一。

开展近岸贝类养殖筏区的污损生物的调查，摸清贝类浮筏养殖过程中污损生物的种类，数量及附着特点。对于解决贝类浮筏养殖过程中生物污损问题，促进贝类养殖业的发展具有重要的理论和实践意义。

一、调查内容和调查方法

1. 调查内容

①准确鉴定近岸贝类养殖筏区内贝类养殖笼附着的生物种类。

②测定附着生物的栖息密度和生物量，分析其相对丰度和群落多样性。

2. 调查方法

（1）样品采集：实验采用挂网片和挂扳相结合以及直接取网笼分析的方法。

（2）挂网：网目为 5mm 的尼龙网衣，将 20cm×30cm 的网片张于 30cm×40cm 的铁丝框上制成附着网，3 个附着网纵向串联成一组挂网，间距为 25cm。

（3）挂板：采用表面打磨的足够粗糙的 5cm×8cm×15cm 的聚氯乙烯板块，将 5 块板块纵向串联成一组挂板，间距为 25cm。挂网和挂板分别悬吊于养殖网笼两侧，吊深 1.8m。定期回收挂板，并用 100 ml 的福尔马林溶液固定，带回实验室分析。

（4）网笼：对寄生在网笼中的动物（如小型蟹类、鱼类等），直接取样放入福尔马林溶液中进行固定；对附着在网笼和贝类外壳上的动物（如柄海鞘、树枝螅等）用镊子夹取样品，放入 100ml 的福尔马林溶液中固定；对固着在贝壳外面或网笼上的动物（如石灰虫、藤壶等），可以先用解剖刀轻轻的将其与固着物剥离，再用镊子夹入福尔马林溶液中进行固定。同时将整个网笼带回实验室一起进行分析。

样品采集完成后，认真填写表 2-5-1“养殖筏区无脊椎动物野外采集记录表”。

二、采集样品的工具和设备

镊子（每人 1 把）；手术刀（每小组 3 把）；塑料桶和塑料盘（每小组各 1 个）；标签、橡皮膏按需而定。

三、标本的处理和保存

1. 处理　自网笼中取出标本后，按类群或大小、软硬分别装瓶，避免标本损坏。标本量大时，可取其中部分称重和计算各种类个体，换算成标本总数量。保留一定数量个体数（大、中、小个体），作为生物学等测定。

发现具典型生态意义的标本，及时拍照且进行有关生物学的观察及测量。需麻醉的生物，用海水冲洗干净，并尽量减少刺激、损伤。标本按类群分离完毕，按个体大小分类于不同规格的标本瓶。装入容器的标本量不得超过体积的2/3。

2. 保存　详见第二章第二节。

3. 标本归类　标本处理、分离、投放标签及固定完毕后，按各大类群分别装箱。海上难分离的样品，带回实验室进行归类处理。

四、标本室内处理

1. 标本核对　将标本带回实验室后，认真检查全部标本编号、数量等与海上记录表的内容是否相符。遇有不符，及时查找。

2. 标本鉴定　参考标本鉴定资料，认真的对标本进行鉴定，对主要种应尽可能鉴定到种，并按表 2－5－3 各项生物学数据计算、测定和填写。

3. 标本整理　将鉴定的种类按种名进行归纳，将相同种动物放在同一标本瓶内进行固定，种名写在新标签上。

4. 标本分析

(1) 称重：将标本放于吸水纸上吸去表面水分，去除管栖动物的管子、寄居蟹的寄居外壳、体表伪装物和其他附着物，用感量 0.01g 扭力天平称取湿重。若要称量干重，应将标本用淡水或蒸馏水冲洗，吸取表面水分，置 70～100℃烘箱中至恒重（用 0.000 1 天平称量）。同时认真做好记录。

(2) 测量：主要种体长＼体宽和体高的测量，按各类群规定的测量法进行。

五、资料整理

1. 数据计算和表示

(1) 数据计算：

① 生物密度和生物量的换算：将所有站位的实测生物个体数和生物量数据按其采样面积换算成个/m^2 和 g/m^2，分别表示网笼上附着生物的生物密度和生物量。

② 生物密度和生物量统计：将各站位各类群生物密度填入表 2－5－2 中，

并对各栏数据进行累加，求得整个养殖筏区的平均值。

③ 各生物类群的组成百分比：根据表 2-5-2 和表 2-5-3 汇总的数据，计算各类群的生物密度和生物量在各站位和整个养殖筏区的组成百分比。

④ 种群多样性指数（*shannon* 指数，H'）、种类均匀度指数（J）和 *Simpson*（S'）指数计算：各站底栖动物状况，计算方程为：

$$H' = \sum_{i=1}^{x} = -\frac{N_i}{N}\log_2\frac{N_i}{N}$$

$$J = \frac{H'}{H_{\max}} = \frac{H'}{\log_2 S}$$

$$S' = \frac{N(N-1)}{\sum_{i=1}^{x} n_i(n_i-1)}$$

式中　S——样品的种类数；

N——总的个体数；

N_i——第 i 种的个体数。

（2）数据表示法：

① 各类群生物密度和生物量组成百分比图：按各类群生物所占密度或生物量百分数比例绘制成圆形图。不同类群可以不同线条或图案装饰，使之更直观。也可用矩形方块图或其他表示法。

② 种类分布图：取主要种的有关数据绘制分布图。这些种类可分别以不同符号表示，每张图可画一至数个种。

表 2-5-1　养殖筏区无脊椎动物野外采集记录表

第　　页

项目编号＿＿＿＿＿＿，地点＿＿＿＿＿＿＿，站号＿＿＿＿＿＿＿＿，

取样面积＿＿＿＿＿ m^2，样品厚度＿＿＿ cm，气温＿＿＿＿＿℃，水温＿＿＿＿℃，底温＿＿＿℃，

气象＿＿＿＿＿＿＿，养殖种类＿＿＿＿＿＿＿，日期＿＿＿＿＿＿年＿＿＿＿月＿＿＿＿日。

定量标本瓶数	定性标本瓶数		
主要种类或类群	个 数	覆盖面积（m^2）	生 态 特 征

（续）

定量标本瓶数	定性标本瓶数		
主要种类或类群	个数	覆盖面积（m^2）	生态特征

记事：

采集者__________ 记录者__________ 校对者__________

表 2-5-2 养殖筏区无脊椎动物生物定量采集记录表

第 页

项目编号________，地点________，站号________，样方号________，
养殖种类________，取样面积________ m^2，样方层次厚度________ cm，
采样日期______年______月______日，采样时间：________。

次序	种名	数量（个）	密度（个/m^2）	生物量		备注
				g	g/m^2	
1						
2						
3						
4						
5						
6						
7						
8						
9						
10						
11						
12						
13						

（续）

次序	种　名	数量（个）	密度（个/m²）	生物量		备　注
				g	g/m²	
14						
15						
16						
17						
18						
	合　计					

称重者____________　填表者____________　校对者____________

表 2-5-3　养殖筏区无脊椎动物定性采集记录表

第　　页

项目编号__________，地点____________，站号____________，

养殖种类__________，气象__________，采样日期_______年______月______日。

次序	种　名	俗名	数量（个）	备　注
1				
2				
3				
4				
5				
6				
7				
8				
9				
10				
11				
12				
13				
14				
15				
16				
17				
18				

鉴定者____________　填表者____________　校对者____________

主要参考文献

[1] 宋鹏东，李太武．1989. 大连沿海无脊椎动物实习指导．北京：高等教育出版社

[2] 姜在阶，刘凌云．1986. 烟台海滨无脊椎动物实习手册．北京：北京师范大学出版社

[3] 杨德渐．1996. 中国北部海洋无脊椎动物．北京：高等教育出版社

[4] 赵汝翼．1982. 大连海产软体动物志．北京：海洋出版社

[5] 齐汝彦．1989. 黄渤海的软体动物．北京：农业出版社

[6] 任先秋．1992. 胶州湾底栖钩虾类研究．甲壳动物学论文集（三）．青岛：青岛海洋大学出版社

第三章　研究（设计）型实验指导

第一节　双壳贝类的代谢研究

一、实验目的

了解水生动物生理代谢的形式，学习测定水生动物各种代谢类型的测定方法，包括实验设计、条件控制、数据处理等；了解环境温度、体重对动物标准代谢的影响以及摄食对水生动物昼夜代谢节律的影响及其原理。

二、基本原理

呼吸代谢是生物能量学研究中的重要内容。代谢能指动物为了维持生命活动而消耗于呼吸的那部分能量，通常用耗氧率表示。一般将代谢分为：标准代谢（standard metabolism）或基础代谢（fundamental metabolism），指动物在静止和不摄食状态下的代谢水平；活动代谢（activity metabolism），动物在活动状态下的代谢水平；特殊动力代谢（specific dynamic metabolism, SDA），动物摄食后用于处理和转化食物过程所消耗的能量。由于活动代谢和SDA在测定时常难以分开，有时将两者合并称为摄食代谢。通常还用常规代谢（routine metabolism）一词指动物在不摄食时自发性低水平活动时的代谢水平；用活跃代谢（active metabolism）指活动速度达到高水平时的代谢率。

在正常生活过程中，动物完成必要生理功能的代谢水平变动于标准代谢和活跃代谢之间，如果代谢低于标准代谢，生命就难以长期维持；如果被迫在活跃代谢以上活动，则这种状态也难以长期存在。目前，大多数文献将贝类在饱食后无饵料条件下的代谢定义为常规代谢。实际上，对于营附着或固着生活的滤食性贝类，其常规代谢主要包括滤水时的机械消耗（唇瓣和鳃上纤毛激动水流的运动、外套腔对颗粒的抽滤、贝壳开合所消耗的能量）和与摄食过程有关的生理消耗（对食物的消化和吸收等）。

三、实验材料

实验动物：选择附着性或固着性贝类，如贻贝、牡蛎等。

实验设备和器材：流水式耗氧测定装置；封闭式耗氧测定装置；溶氧瓶、碘量瓶、三角瓶、滴定管、移液管等；相应的化学药品。

四、主要实验条件的控制与参数测定

1. 贝类耗氧率的昼夜变化

① 熟悉流水式呼吸仪的全部装置，理解各部分结构的作用。

② 控温、充氧情况及各部分衔接是否正确；调整流量计使水流稳定流动。

③ 分别采取呼吸室入水口和出水口的水样，分别滴定其溶氧，计算水呼吸情况（浮游生物耗氧和有机物耗氧），并记录数据，以此作为空白对照。

④ 将贝类按体长置入呼吸室内，密封呼吸室，检查有无漏水情况。

⑤ 打开流量计，确定流速。每隔 2h 采水，测定溶氧，记录数据。

⑥ 将结果记录于表中。

2. 不同摄食状态下贝类的耗氧率

① 待实验动物饥饿 2d 后，放入呼吸室中测定无饵条件下的耗氧率。

② 将饱食 2h 后的实验动物放入封闭式呼吸室中测定无饵条件下的耗氧率。

③ 将实验动物分别置于用黑油漆涂黑遮光的封闭式呼吸室中，呼吸室中饵料浓度为 6×10^{4} cell/ml，测定动物在有饵状态下的耗氧率；同时测定空白瓶中的溶氧变化。

④ 将结果记录于表中。

五、实验基本要求

① 得到贝类在 3 种不同摄食状态下（饥饿、无饵料和有饵料）耗氧率和氨氮排泄率的差别。

② 设置 4～5 个温度梯度，每个温度梯度 3 个重复；得到相同规格水生动物耗氧率和氨氮排泄率随温度变化规律，最好能够得到耗氧率随温度变化的拐点。

③ 每一温度梯度，做 3 个不同体重系列，得到体重对水生动物耗氧率和氨氮排泄率的影响。

④ 所得数据全组共享，数据处理和实验报告每人独立完成。

六、讨　论

① 在体重相近时，比较饥饿状态下和饱食后贝类在最适温度下标准代谢和常规代谢昼夜变化规律的不同。

② 用协方差分析说明温度、体重、生理状态与贝类呼吸和排泄的关系。

③ 温度、体重对贝类标准代谢的影响。

主要参考文献

[1] 周一兵，李晓艳，屈英等．2002. 太平洋牡蛎三倍体与二倍体特殊动力代谢的比较. 海洋与湖沼．33 (6)：663～671

[2] 谢小军，孙儒泳．1991. 鱼类的特殊动力作用的研究进展．水生生物学报．15 (1)：82～89

[3] Bayne B L，Scullard C. 1977. An apparent specific dynamic action in *Mytilus edulis* L. J Mar Biol Ass U K. 57：371～378

[4] Navarro J M，Winter J E. 1982. Ingestion rate，assimilation efficiency and energy balance in *Mytilus edulis* in relation to body size and different algal concentration. Mar Biol. 62：255～266

第二节　双壳贝类的同化效率和能量收支

一、实验目的

本实验在生理能量学的水平，即以贝类的个体为对象，在实验条件下研究贝的摄食、代谢、生长等能量收支各组分间的定量关系，以及各种生态因子对这种定量关系的影响。通过实验，使学生了解生理能量学的基本概念和研究思路，熟悉测定同化效率的方法。这对探讨贝类在水域生态系统中的作用以及对水域生态系统中能量流动的影响都具有重要的理论意义，并对学生建立合理评估水域生态容纳量、合理进行养殖布局和管理的概念具有十分重要的指导意义。

二、基本原理

生物能量学（bioenergetics）是研究能量在生物体内转换的科学。实际上，生物能量学涉及 3 个极为不同而又相互关联的领域：①研究细胞活动中的生化过程及能量转换；②关于生态系统中不同营养级之间的能量转换，即生态能量学(ecological energetics)；③在动物个体水平上的能量转换，又称生理能量学（physiological energetics)。

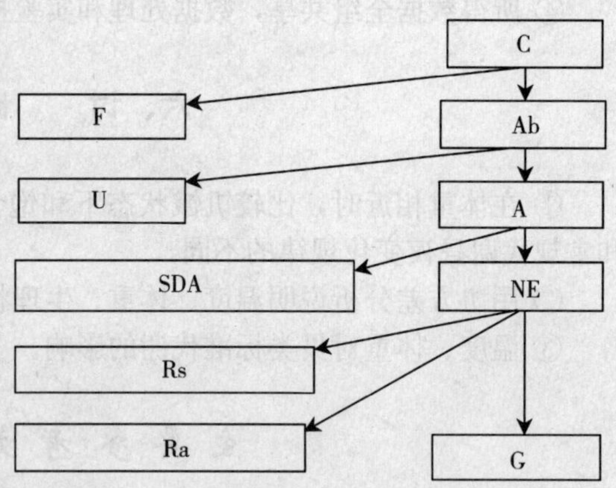

图 3-2-1 能量在生物体内的转换过程

C（food consumption）. 摄食 F（faecal production）. 排粪 U（excretion）. 排泄 Ra（activity metabolism）. 活动代谢 G（growth）. 生长 Rs（standard metabolism）. 标准代谢 Ab（absorbed energy）. 吸收能 NE（net energy）. 净能 A（assimilated energy）. 同化能 SDA（specific dynamic action）. 特殊动力作用

生理能量学研究的核心问题是揭示动物能量收支各组分之间的定量关系，以及生态因子对这些关系的影响。动物从食物中获得能量，一部分被消化吸收，未消化部分以粪便排出。吸收的能量中还有一部分从尿中和其他排泄物中丢失掉，余下的为同化能。同化能中一部分用于维持生活，既代谢或呼吸，一部分用于生长和生殖（或蜕皮）（图 3-2-1）。通常用下列方程式表示动物能量收支平衡：

$$C=P+R+U+F=D+F$$

$$Ab=P+R+U$$

$$A=P+R$$

式中 C——从食物中进入的总能量；

F——未消化并以粪便形式排出的能量；

R——呼吸或代谢能量；

U——尿和其他排泄物的能量；

P——生长和生殖量；

Ab——消化和吸收的能量；

A——同化能量。

能量的传递或转化效率可以用如下几个概念来表示：

$$同化效率 = A / C$$

$$毛能量效率（K_1）= P / C$$

$$净能量效率（K_2）= P / A$$

目前，双壳贝类同化效率的测定多用灰重比例法，这种方法最初是在研究浮游动物同化效率时提出的，最大的优点是不必全部回收粪便，而只要对粪便及时取样即可，比较简单，准确率也较高，所以被广泛应用于双壳贝类同化效率研究中。但由于此法的前提是浮游动物只对有机物有同化作用，而对无机物无明显的同化作用。但浮游动物对无机物也有一定的同化作用，特别是当食物灰分含量比较低时，同化作用更明显。因此用灰重作为惰性标准物有时误差也较大。其公式为：

$$ASE=(F-E)/[(1-E)]\times F]=1-[F_{ASH}:F_{ABSORBED}/E_{ASH}:E_{ABSORBED}]$$

式中 F——摄食的食物样品中有机物∶食物样品干重；

E——粪便样品中有机物∶粪便样品干重；

F_{ASH}——摄食的食物样品灰重含量；

$F_{ABSORBED}$——摄食的食物样品中 AFDW（有机干重）或 TOC（总有机碳）或 TON（总有机氮）含量；

E_{ASH}——粪便样品的灰重含量；

$E_{ABSORBED}$——粪便样品中 AFDW、TOC 或 TON 含量。

需要注意的是，根据能量分配理论，利用灰重比例法测定的实际上是双壳贝类的吸收效率（absorption efficiency）。同化效率（assimilation efficiency）的测定比较麻烦，所以大部分学者用吸收效率来代替同化效率。

动物个体水平上的能量收支，可以应用生理学方法。其原理是根据能量平衡公式：$P=C-(F+R+U)$，直接测定动物的吸收能 Ab（摄食率 C 与吸收效率 ASE 的乘积），并从中减去动物的呼吸消耗 R 和排泄损耗 U（以能量为单位），即 $Ab-(R+U)$（$P=Ab-R-U$）。从能量平衡来看，同化能用于代谢部分越多，剩下用于生长的就越少，反之亦然。这种方法反映了动物体内用于生长的能量随时间的净变化，也称为生长余力（the scope of growth），在生理学上等价于体质生长能和生殖能之和。像生长余力这样的生理学指标不仅能反映有机体对环境变化的反应，而且能够揭示同化能量用于生殖生长和营养生长之间能量利用对策的规律。利用生长余力分析动物能量收支特点，其优越性就在于具有“瞬时性”，即通过进行一连串有顺序的短期能量收支研究，将结果加以综合分析，并以时间顺序将整个过程连续起来，从而获得一个适宜的能量收支变化“图”。同时，还可以考察贝类个体对于不同环境条件的反应，如饵料、温度或盐度等。

三、实验材料和仪器

实验动物：同第一节。

实验设备和仪器：PARTEC PAS－Ⅲ流式细胞仪或分光光度计；恒温控制器；马福炉；玻璃纤维滤膜（GF/F）；苯甲酸；真空泵等。

四、实验方法和参数测定

1. 实验方法 实验可选择净水式或直流式两种方法，前者可分别测定实验前后水体中叶绿素 a 和 POM 的含量；后者每隔 6h 测定 1 次实验水槽的流速，以进水孔和出水孔处叶绿素 a 和 POM 含量的变化计算滤水率。

2. 保留效率（retention efficiency, *RE*） 被贝类滤食的颗粒占海水中总颗粒物的比例，可用如下公式表示：

$$RE = (C_1 - C_2) / C_1$$

式中的 C_1 和 C_2 可分别以流水式实验容器进水孔和出水孔处叶绿素 a 或颗粒物的密度表示（其值在 0～1 范围）。

3. 滤水率（filtration rate，*FR*）或清除率（clearance rate，*CR*） 贝类在单位时间内完全滤除海水中颗粒物的海水体积（V/h），计算公式为：

$$FR = F (C_1 - C_2) / C_1$$

式中的 F 为海水流速，C_1 和 C_2 分别为进水孔和出水孔处叶绿素 a 和 POM 的浓度。

4. 摄食率（ingestion rate，*IR*） 动物在单位时间内摄入体内的颗粒物量（mg/h）。

$$IR = FR - PPF$$

PPF 为单位时间内排出的假粪量。显然，当动物没有产生假粪时，滤水率就等于摄食率。

5. 叶绿素 a、TOM 和 POM 的测定 叶绿素 a 采用分光光度法测定，总颗粒物（TOM）和颗粒态有机物（POM）的测定采用灼烧法，即用预先灼烧（450℃，4h）、称重（W_0）的 GF/F 滤膜抽滤一定体积的水样，在 65℃条件下烘干 48h，称重（W_{65}），再在 450℃下灼烧 4h，然后再称重（W_{450}），则 $POM = W_{65} - W_{450}$，$TOM = W_{65} - W_0$。

五、实验基本要求

① 环境因子可考虑以温度、体重和饵料密度为主，考察它们对贝类能量收支和同化效率的影响。

② 实验均设 3 个平行组和 1 个空白对照组（不放贝以观察饵料的变化情况）。实验期间充气以保证有充足的氧气和使饵料悬浮均匀。

③ 饵料用室内人工培养的单胞藻，饵料密度可分为 4～5 个梯度。

④ 实验期间及实验后 2h 内收集贝类排出的粪便并测定其中叶绿素 a 和 POM 的含量。

⑤ 分析体重、温度对滤水率、摄食率和同化效率产生怎样的影响；讨论滤水率、摄食率与组织干重之间，同化效率与摄食、饵料密度之间呈何种函数关系；滤水率与壳高、壳长之间呈何种函数关系。

⑥ 得出饵料密度对同化效率的影响，并与以往的文献进行比较和讨论。

⑦ 得出能量转换效率和能量收支方程，并以温度、饵料密度为因素变量，体重为协变量，分别对贝类的生长预算和摄食能量等各项能量组分进行双因素协方差分析。

主要参考文献

[1] 张涛 . 1998. 双壳贝类同化率研究进展 . 海洋科学 . （4）：46～50

[2] 匡世焕，孙慧玲，李锋等 . 1996. 栉孔扇贝生殖活动前后的滤食和生长 . 海洋水产研究 . 17（2）：80～85

[3] 匡世焕，孙慧玲，李锋等 . 1996. 野生和养殖牡蛎种群的比较摄食生理研究 . 海洋水产研究 . 17（2）：87～94

[4] 常亚育，王子臣 . 1995. 辽宁省第二届青年学术论文集 . 大连：大连理工大学出版社

[5] 崔奕波 . 1989. 鱼类生物能量学的理论与方法 . 水生生物学报 . 13（4）：369～383

[6] 王芳，张硕，董双林 . 1998. 藻类浓度对海湾扇贝和太平洋牡蛎滤除率的影响 . 海洋科学 . 4：1～3

[7] 王芳，董双林，张硕等 . 1998. 海湾扇贝和太平洋牡蛎呼吸和排泄的研究 . 青岛海洋大学学报 . 28（2）：233～244

[8] 常亚青，王子臣 . 1992. 魁蚶耗氧率的初步研究 . 水产科学 . 11（12）：1～6

[9] Navarro，J I P Lglesias，A P Camacho et al. Exp. Mar. Biol. . 1996（198）：175～189

[10] Bayne B L et al. 1987. Feeding and digestion by the mussel Mytilus eduli s L（Bivalvia：Mollusca）in mixtures of silt and algal cells at low concentration . J Exp Mar Bio Ecol. 111：1～22

第三节 逻辑斯谛模型和动态模型在种群增长中的应用

一、实验目的

了解实验种群在有限环境中的增长特征，掌握逻辑斯谛（Logistic）模型和一阶非线形动态模型（Dynamic model）拟合种群动态的方法，并确定种群的最大持续产量。

二、基本原理

在自然界中，甚至在实验室内，种群的增长不可能不受限制。虽然许多动、植物种群在实验室条件下或野外的自然状态下，在其生活史的某一阶段可表现出几何级数的增长过程，但这种按指数增长的内禀增长能力只能在短期中出现。随着种群密度的上升，食物、空间等资源需要量迅速地增加，环境条件的限制和种内个体间竞争资源的加剧，必然影响种群的出生率和存活率，表现为当种群数量增加到一定限度后，种群增长率逐渐降低，最后达到出生率与死亡率相等，甚至出现负增长。如以图表示，呈现“S”型曲线。

（一）逻辑斯谛模型

种群呈“S”型增长（sigmoid or S-shaped growth），其增长特征可用logistic方程来描述。Logistic方程为：

$$dN/dt = rN(1-N/K) = rN(K-N)/K$$

其中，K 为饱和密度（环境容纳量，enviremental carring capacity）；修正项（$1-N/K$）所代表的生物学含义是“剩余空间”（residual space）或称未利用的增长机会（unutilized opportunity for growth），即种群尚未利用的，或为种群可利用的最大容纳量空间中还“剩余”的、可供种群继续增长的空间。对（$1-N/K$）这个修正项，可以做如下分析：

① 当 N 趋向于零时，（$1-N/K$）就逼近于1，这表示 K 空间几乎尚未被利用，rN 能100%的实现，种群接近于指数增长，或种群潜在的最大增长率能完全的实现。

② 如果 N 趋向于 K 时，于是（$1-N/K$）就逼近于零，这表示 K 空间几乎全部被利用，rN 所描述的种群可能有的最大增长率完全不能实现，种群增长率等于零。

③ 在这两种情况之间，当种群数量由小逐渐增大到 K 值时，$(1-N/K)$ 项就由 1 逐渐变小而到零，这表示可供种群继续增长的“剩余空间”越来越小，rN 所描述的种群最大增长率可以实现的程度就越来越小。

Logistic 方程的积分式是：

$$N_t = K/(1+e^{a-rt})$$

Logistic 方程与因种群密度制约因素而形成的负反馈机制有联系，因而该方程被誉为种群增长的基本规律，是种群生态学中的核心理论之一。一个半世纪以来，逻辑斯谛模型几乎是描述“S”型增长的唯一形式。但是，Logistic 方程并非是合乎情理的方程：

(1) 在生态学中，非常注意区别数学模型的不同类型，即它是原理机制的说明模型——解释性模型，还是简单的经验方程。解释性模型不仅试图描述行为，而且要从基本结构上来解释它。Logistic 方程将环境阻力用种群密度的线性函数来表示，并非符合自然种群中的逻辑关系。方程 $dN/dt=rN(K-N)/K$ 表达了这样一个概念，即种群每增加一个个体都同样产生使种群增长率下降的压力。这就是说，环境对种群生长呈现一种线性的制约关系。事实上，环境对种群的限制只是在种群密度达到相当大的时候才发生，而且随之种群密度进一步增加，限制影响可能急剧增大，这种制约关系是非线性的。

(2) Logistic 方程所符合的种群变化规律只是众多“S”型曲线方程中的一种，并不能代表其全部。在数理上，“S”型曲线有很多种，逻辑斯谛曲线符合“S”型曲线特征，但并非所有的“S”型曲线都是逻辑斯谛方程的这种具体形式。从种群发展的兴衰规律来看，“S”型增长可以认为是符合逻辑的，但是，用对一种特定的“S”型曲线（即逻辑斯谛曲线）的定量假定来替代一种普遍化的“S”型曲线的定性说明，这种论断则不符合逻辑推理。

因此，要确定模型的具体类型，仅仅定性的说明是不够的，必须确定哪一种条件下采用哪一种“S”型曲线。目前，在 Logistic 方程的基础上，尚发展了多种具有实用意义的扩展形式，如种群增长的一阶非线形动态模型。

（二）主要参数计算

1. 逻辑斯谛模型中 K 值的测定方法

求 K 值的方法较多。最常用而方便的是三点法，即在逻辑斯谛曲线上，选择三个横轴上等距的点来估算。这三个点间距越大越好。按下列公式求 K 值：

$$K=[2P_1P_2P_3-(P_2)^2(P_1+P_3)]/[P_1P_3-(P_2)^2]$$

其中，P_1、P_2、P_3 是等距离横坐标上所对应纵坐标的数值。求出 K 值后，则令：

$$y=\ln(K-N)/N,\ x=t,\ r=b,$$

则按 $y=a+bx$ 方程运算。把求得的值（a、b、N）代入 logistic 积分方程，则得理论值。

2. Dynamic model 模型的微分拟合

与实验室中培养的种群不同，野外种群不可能长期地、连续地增长。它们很少能够像室内培养的种群那样，表现出由少数个体开始而装满“空”环境、最终达到最大环境容纳量的增长特征。许多动物生活的环境具有季节性变化，每年只在有利的季节才有可能出现种群的数量增长，这种增长是反映生物与环境相适应、物种之间进行生存竞争的主要标志之一，它兼受环境条件、营养状况的制约和影响，是各种不同性质影响因素相互促进或相互抵消而造成的综合效应。因此，种群数量随时间序列变动的特点是随机的过程且不一定平稳，针对这一特点，可对种群实测的时间序列进行随机性弱化处理，然后采用一阶非线性的 Verhulst 微分方程来拟合经随机性弱化后的生成序列，即解如下微分方程：

$$dN^{(1)}(t)/dt=aN^{(1)}(t)-b(N^{(1)}(t))^2,\ t=1,2,\cdots,n$$

从而构筑成种群增长的动态模型（Dynamic Model）（倪焱，1982）。

表 3-3-1 显示一组种群密度随时间变化的数据列：

$$[N^{(0)}(t)]=[N^{(0)}(1),N^{(0)}(2),\cdots,N^{(0)}(n)]$$

是随机的过程且不平稳。若做数据累加，即令

$$N^{(1)}(t)=\sum_{t=1}^{t}N^{(0)}(t)\quad t=1,2,\cdots,n$$

从而得到新的时间生成序列，如表 3-3-1。

$$[N^{(1)}(t)]=[N^{(1)}(1),N^{(1)}(2),\cdots,N^{(1)}(n)]$$

$$=[N^{(0)}(1),\sum_{t=1}^{2}N^{(0)}(2),\sum_{t=1}^{3}N^{(0)}(2),\cdots,\sum_{t=1}^{n}N^{(0)}(n)]$$

显然，数据列 $[N^{(0)}(t)]$ 有明显的随机波动，而在 $[N^{(1)}(t)]$，随机性被弱化了。依此，可作 m 次累加，即有：

$$N^{(m)}(t)=\sum_{t=1}^{t}N^{(m-1)}(t)\qquad t=1,2,\cdots,n$$

由此看出，对于非负数据列，累加次数越多，则随机性弱化越多。当累加次数足够大以后，可认为时间序列已由随机变为非随机了。

对于上述生成序列，若采用 Verhulst 非线性微分动态模型予以逼近，则对给定的原始数据列：

$$[N^{(0)}(t)]\qquad t=1,2,\cdots,n$$

有相应的一次累加序列：

$$[N^{(1)}(t)] \qquad t=1, 2, \cdots, n$$

其中：

$$N^{(1)}(t)=\sum_{t=1}^{t} N^{(0)}(t) \qquad t=1, 2, \cdots, n$$

做如下数据处理，令

$$B=\begin{bmatrix} 1/2[N^{(1)}(1)+N^{(1)}(2)] & -[1/2(N^{(1)}(1)+N^{(1)}(2))]^2 \\ 1/2[N^{(1)}(2)+N^{(1)}(3)] & -[1/2(N^{(1)}(2)+N^{(1)}(3))]^2 \\ \vdots & \vdots \\ 1/2[N^{(1)}(n-1)+N^{(1)}(n)] & -[1/2(N^{(1)}(n-1)+N^{(1)}(n))]^2 \end{bmatrix}$$

$$Y_n=[N^{(0)}(2), N^{(0)}(3), N^{(0)}(t), \cdots, N^{(0)}(n)]$$

记参数向量为 $\hat{a}=\begin{bmatrix} a \\ b \end{bmatrix}=(B^TB)^{-1}B^TY_n$

$\hat{a}$ 中的元素即下述微分方程的系数：

$$\mathrm{d}N^{(1)}(t)/\mathrm{d}t=aN^{(1)}(t)-b(N^{(1)}(t))^2$$

解此方程得解为：

$$\hat{N}^{(1)}(t)=(a/b)/\{1+[(a/b)\times(1/N^{(1)}(0))-1]\}, \ t=1, 2, \cdots, n$$

其中，$N^{(1)}(0)$ 为种群密度的初值。

表 3-3-1　非线性动态模型的种群增长特征表

t	1	2	3	4	5	6	7	8	9	10
$N^{(0)}(t)$	1.0	1.0	2.2	5.5	7.5	8.5	9.0	8.5	7.8	5.7
$\hat{N}^{(0)}(t)$	1.86	1.562	2.75	4.54	6.83	8.97	9.85	8.89	6.74	4.45
$N^{(1)}(t)$	1.0	2.0	4.2	9.7	17.7	25.7	34.7	43.3	51.1	56.7
$\hat{N}^{(1)}(t)$	1.86	3.42	6.17	10.71	17.54	26.51	36.36	45.25	51.99	56.44
$\frac{\mathrm{d}N^{(1)}(t)}{\mathrm{d}t}$	0.52	0.90	1.48	2.11	2.88	1.68	−0.04	−1.75	−2.32	−2.08
$\frac{\mathrm{d}N^{(0)}(t)}{\mathrm{d}t}$	0.38	0.58	0.63	0.77	−1.2	−1.72	−1.71	−0.57	0.24	—

由表 3-1-1 可见，$\hat{N}^{(1)}(t)$ 序列即为生成序列 $N^{(0)}(t)$ 的微分拟合序列。由于 $N^{(1)}(t)$ 是 $N^{(1)}(t)$ 的一次累加序列，即：

$$N^{(1)}(t)=\sum_{t=1}^{t} N^{(0)}(t), \ t=1, 2, \cdots, n$$

所以，我们作 $\hat{N}^{(1)}(t)$ 的差序列：

$$\{\hat{N}^{(0)}(t)\}=\{\hat{N}^{(1)}(t)-\hat{N}^{(1)}(t-1)\},\ t=1,\ 2,\ \cdots,\ n$$

则 $\hat{N}^{(0)}(t)$ 即为DM（1）模型对 $N^{(0)}(t)$ 的拟合数据列。

三、实验材料

实验动物：草履虫或轮虫；

实验器材和药品：玻璃缸、三角烧瓶、烧杯、指管瓶、恒温仪、砷汞饱和液。

四、实验基本要求

（1）根据种群的消长曲线，应用Logistic模型和Dynamic model模型拟合种群增长，分别得出种群密度和种群增长速度随时间变化的曲线。

（2）典型的增殖曲线可以划分为4个时期：滞留适应期、对数生长期、最高生长期和衰亡期。

（3）分别得出种群在不同温度和密度下Logistic增长和Dynamic model增长参数、环境容纳量和方程。

（4）将Logistic增长模型和Dynamic model增长模型模拟的结果进行比较。

（5）根据最大持续产量原理，计算种群在不同密度和温度下的持续产量和最大持续产量。

（6）方差分析种群密度、温度对种群增长的影响。

五、讨　　论

（1）种群密度、温度与种群生产量的关系。

（2）草履虫或轮虫种群动态与其他饵料动物的比较。

主要参考文献

[1] 周一兵，张从尧，刘青等．2002．饵料密度对卜氏晶囊轮虫种群数量变动和生产力的影响．水产学报．（26）1：28～34

[2] 倪焱．1987．灰色系统理论在种群增长建模中的应用．生态学杂志．（6）5：56～59

[3] 北京师范大学，华东师范大学．1984．动物生态学实验指导．北京：高等教育出版社

第四节　池塘生态系统能量流动的过程和系统分析

一、实验目的

通过系统方法的练习，了解研究模型和系统生态学对水域生态学研究的重要意义。学习常用分室模型及其数学模型的建立、模拟研究方法。

二、基本原理

系统分析的主要过程分为3个阶段：建立概念模型、模型数学化和模拟。

系统分析的第一步是确定所研究系统的组成成分（component，或称组分）。每一个组分必须以某种方式与其他组分联系起来，或在它们之间找出有意义的转换系数（transfer）。作为生态系统这种组分的，可以是各个营养级，如在淡水池塘养殖生态系统中，有7个组分：浮游植物、浮游动物、底栖动物、鲢鱼、鳙鱼、鲤鱼和有机碎屑。以它们作为分室，构成了池塘生态系统能量流动的分室模型。其中，X是各分室在某一时间所含的能量，下标1至7分别代表上述各组分。R是输入池塘的太阳能，F是投入池塘的饲料能，U_1是光能利用率，U_2代表未被利用的饲料比例，U_3是鲤鱼对饲料的吸收效率。a_{ij}代表各分室之间的能流参数，i表示输出的分室，j表示输入的分室。

在建立概念模型时，对系统必需设置某些边界。系统的各组分或分室(compartment）之间的相互作用或流（flux)，必须加以确定，并用函数关系进行描述，即转换系数。此外，还必须确定系统的输入，即能影响该系统而不被该系统影响的因素，可以称为强制函数（forcing function)。

一旦把系统、系统的边界、分室以及各分室间的相互作用确定以后，按等级结构排好列后，就能够画出系统的分室模型图（图3－4－1)。

为了使系统的模型清楚明了，可以将模型图按表格排列，形成函数矩阵，以表示各分室之间存在的转换系数（表3－4－1)。

在分室模型图和矩阵建立以后，下一步就是测定各分室的状态：应该包括哪些测量的特征，怎样去获得。生态系统的分室的状态，可以用生物量(g/m^2或kJ/m^2）或营养物质量表示；资源系统的分室可用种群量、捕获量、

表 3-4-1　矩阵描述各分室之间的相互作用※

i \ J	1	2	3	4	5	6	7
浮游植物 1		+	0	+	0	+	+
浮游动物 2	+		0	+	+	0	+
摇蚊幼虫 3	0	0		0	+	0	+
鳙鱼 4	+	+	0		0	0	+
鲤鱼 5	0	+	+	0		0	0
鲢鱼 6	+	0	0	0	0		+
有机碎屑 7	+	+	+	+	0	+	

※ +表示两分室间有相互作用；0 表示两分室间无相互作用。

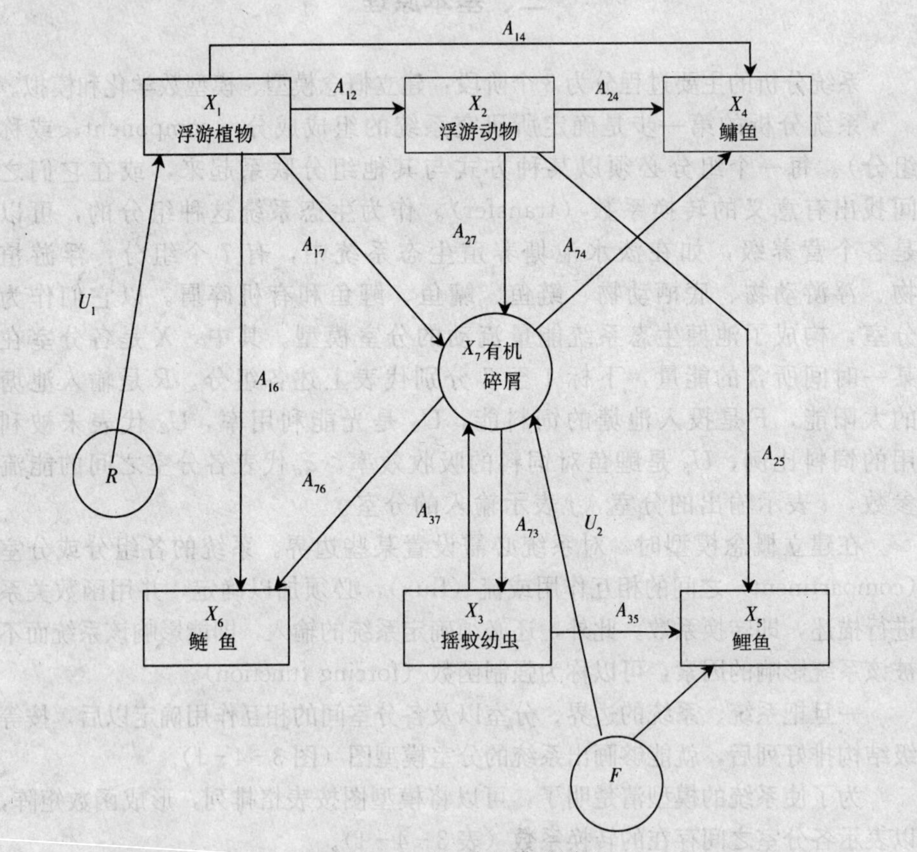

图 3-4-1　分室模型图

成本等来度量。状态情况要翻译成系统变量集（set of system variables）。系统变量集要排列成表，称为系统状态变量：

$$V=\begin{bmatrix} v_1 \\ v_2 \\ \vdots \\ v_n \end{bmatrix}$$

在此，v_1、v_2，…，v_n 为系统变量 1、2，…，n 等在某一时间的值；n 为包括在模型中的变量数目；v 为可能是分室中单位面积的有机质量、能量或营养物质量等。

矩阵则代表各分室之间的转换函数：

$$F=\begin{bmatrix} f_{11}\,f_{12}\cdots f_{1n} \\ f_{21}\,f_{22}\cdots f_{2n} \\ \vdots \qquad \vdots \\ f_{n1}\,f_{n2}\cdots f_{nn} \end{bmatrix}$$

因此，f_{12} 可能是代表控制从分室 1 到分室 2 的能量（或营养物质）流通的转换系数。

因为每一分室的值是随时间而变化的变量，因此其变化情况可用下式表示：

$$\frac{\mathrm{d}v}{\mathrm{d}t}=\begin{matrix} \frac{\mathrm{d}v_1}{\mathrm{d}t} \\ \frac{\mathrm{d}v_2}{\mathrm{d}t} \\ \vdots \\ \frac{\mathrm{d}v_n}{\mathrm{d}t} \end{matrix}$$

于是方程式的一般形式就成为：

$$\frac{\mathrm{d}v}{\mathrm{d}t}=FV$$

它可以用矩阵代数、微分方程求解，也可以用计算机求解。

三、实验材料

养虾池塘生态系统能量流动的基本数据。

四、实验基本要求

（1）根据基本数据，应用“马尔科夫链”转移矩阵，确定系统中各个营养级结构单元（component）之间的转移系数（transfer）；

（2）画出系统的分室模型图；

（3）对各个分室，建立一组对时间的微分方程组表示池塘生态系统能量流动的过程；

（4）根据虾池生态系统各有关数据，得到各分室能量流动参数和能量流动的状态模型；

（5）最好能够应用MATLAB，对虾池生态系统能量流动过程进行扰动分析，主要考察输入扰动对对虾生产力和沙蚕生产力的影响，并进行讨论。

主要参考文献

[1] 周一兵，刘亚军．2000. 虾池生态系能量收支和流动的初步分析．生态学报．20 (3)：474～481

[2] 杨国亭．1994. 池塘能量生态学．哈尔滨：东北林业大学出版社

[3] 高新项，杨国亭，倪红伟等．1999. 池塘生态系统能量流动的系统分析及调控．水产学杂志．(12) 2：32～40

[4] 高新项，杨国亭．1999. 池塘生态系统能量流动的基本过程．水产学杂志．12 (2)：28～31

第五节　底栖端足类的生物检测

一、实验目的

多年来，水域环境的污染监测都是以上覆水质监测为主，这种监测方式对水柱中有机体的保护是绝对必要的。但考虑到大部分高毒性污染主要富集于沉积物中而不是上覆水内，忽略对沉积物的监测，便无从对水域环境实施全面有效的保护。沉积物是进入水域中许多化学物质的主要归宿地，沉积物环境质量研究自20世纪80年代以来已成为国际上重要的研究领域。沉积物毒性生物检验是沉积物环境质量评价有效方法之一，是化学分析和底栖生物群落结构评价方法的有益补充。如多毛类沙蚕、端足类钩虾等是目前开展沉积物毒性检验的优选受试生物。美国公共卫生协会、美国自来水厂协会和水污染控制联合会共同编著的《水和废水标准检测法》(第十五版)（Standard Methods for the Examination of Water and Wastewater）推荐将这些种类作为常规受试生物进行生物监测。这一方面是由于对于有毒有害污染物的生物检测，除了要求有敏感

物种的毒性数据外，还要求比较广泛的生物检测结果。例如美国环保局颁布的推导水质基准的指南中就规定要有至少隶属于4个门和8个科的水生生物的毒性数据。应用海洋多毛类、端足类对沾污沉积物进行急性毒性检验，并将检验结果与沉积物中化学物质总量分析和历史上底栖生物生态调查及残毒量分析结果进行比较，从而可以得出比较全面的评价结果。

另一方面，作为水产养殖专业的学生在从事水产养殖生产、渔业管理、环境保护等工作时，常常会面临诸如养殖种类对水质和底质的要求、养殖种类与养殖水域环境条件（如溶解氧、温度、pH、硬度、盐度等）是否适宜、环境因子对污染物毒性的影响以及当工业废水污染养殖水体造成渔业损失时需要理赔等等问题。本实验以底栖动物作为沉积物毒性检验的受试生物，培养学生独立进行人为致毒实验的能力，包括实验方案设计、实验操作正确实施、实验条件控制与观察和数据处理等，培养学生运用综合知识的能力。

二、说　　明

端足类（Amphipoda）隶属于节肢动物门（Arthropoda）甲壳动物纲(Crustacea）包括4个亚目：钩虾亚目（Gammaridea)、绒亚目（Phyperi-idea)、麦秆虫亚目（Caprellidea）和英高虫亚目（Ingolfiellidea)。其中，钩虾亚目中种类占端足类的85%，并在数量组成上在端足类中也占绝对优势。

钩虾亚目种类多、分布广、密度大、繁殖周期短，是底栖生物群落的重要组成部分，在水生生物食物链中占有重要地位，是经济鱼虾的天然饵料。此外，由于钩虾亚目中的部分种类直接生活于沉积物中，对沾污沉积物具有良好的毒理敏感性，而且较易采集和实验室培养，故而成为各国开展沉积物毒性生物检验优选受试生物之一。为此，钩虾亚目的研究也受到了世界各国的重视。

全世界钩虾亚目约有5 000余种，其中淡水种类约占1/5。它们分别隶属于90余科，900余属。迄今共记录中国海有钩虾类139种，隶属于21科54属。目前研究表明，辽宁沿岸海洋底栖端足类钩虾亚目29种，隶属于10科22属，其中有1种为中国新记录。都属于近岸浅水型，主要分布于潮间带和潮下带，最大水深为40m。绝大多数种类属于北温带和亚热带种类，其中中国特有种3种，中国和日本共有种11种，世界广分布种6种，还有1种镰形叶钩虾（*Jassa falcata*)，南极亦有分布。

三、受试生物种的选择

(1）对沾污沉积物的急性和慢性毒性都具有良好的敏感性；

(2) 受试生物的地理分布广泛，数量多，全年在某一实际区域范围易于获得；
(3) 在实验室内易于培养，掌握受试生物对环境的要求和摄食特征；
(4) 生物个体不超过 5～8cm，具有较短的生活史；
(5) 已受到污染区域内的动物不宜作为受试生物。

根据上述所列准则，建议使用以下钩虾作为毒性检测的受试生物。

双眼钩虾科（Ampeliscidae）

双眼钩虾属（*Ampelisca* Kroyer，1842）

[1] 博氏双眼钩虾（*Ampelisca bocki* Dahl，1945） 本种从辽东湾到北黄海潮下带都可采到，喜沙泥底，分布广。甲醛固定后标本体呈白色，头部眼区呈红色。

[2] 短角双眼钩虾（*Ampelisca brevicornis* Costa，1853） 本种在潮下带泥沙底可采到，分布广，数量多。第一触角短，第二触角比较长。

[3] 轮双眼钩虾（*Ampelisca cyclops* Walker，1904） 分布在潮下带 10～30m 深的软泥底中。

[4] 美原双眼钩虾（*Ampelisca miharaensis* Nagata，1959） 本种可分布于河口水域的软泥底质中。

沙钩虾属（*Byblis* Boeck，1871）

[5] 日本沙钩虾（*Byblis japonicus* Dahl，1945） 分布于潮下带沙泥底，数量较多。本种个体大，体组具黑色花斑。

藻钩虾科（Ampithoidae）

藻钩虾属（*Ampithoe* Leach，1814）

[6] 强壮藻钩虾（*Ampithoe valida* Smith，1873） 分布于潮间带，数量多，全年都可采到。个体大，体色随海藻变化。

毛日藻钩虾属（*Sunamphitoe* Bate，1856）

[7] 毛日藻钩虾（*Sunamphitoe plumosa* Stephensen，1944） 可在大连南部岩石潮间带海藻丛中采到。本种在第一触角基部和第二触角下缘密生刚毛如垫。

异钩虾科（Anisogammaridaedae）

原钩虾属（*Eogammarus* Bisten，1933）

[8] 中华原钩虾（*Eogammarus sinensis* Ren，1992） 本种分布在潮间带，该种利用碎叶和底质作管，数量较多。雄性第二触角鞭上具苞状结构。

蜾蠃蜚科（Corophiidae）

蜾蠃蜚属（*Corophium* Latreille，1806）

[9] 河蜾蠃蜚（*Corophium acherusicum* Costa，1857） 本种可在大连黑石礁沿海养殖浮筏的大梗和扇贝养殖网笼中采到。

[10] 隐居蜾蠃蜚（*Corophium insidiosum* Crawford，1937）　本种在潮间带和潮下带均有分布。在小平岛、凌水桥和黑石礁等沿岸海域冬季占优势，密度较高。

[11] 中华蜾蠃蜚（*Corophium sinense* Zhang，1974）　本种生活在潮下带，在大连湾软泥底密度达 20 个/m^2。

大螯蜚属（*Grandidierella* Coutiere，1904）

[12] 日本大螯蜚（*Grandidierella japonica* Stephensen，1938）　本种在潮间带和潮下带均有分布，密度较高。在小平岛和龙王塘沿岸全年均可采到，做 U 形管，穴居。繁殖季节大致在每年的 4～10 月。

拟钩虾属（*Gammaropsis* liljeborg，1854）

[13] 日本拟钩虾（*Gammaropsis japonica* Naeata，1961）　分布于潮间带沙泥底，水深 25m，泥温 18℃，密度为 20 个/m^2。

[14] 内海拟钩虾（*Gammaropsis utinomii* Nagata，1961）　本种在水深为 14m 的泥底质采到。分布不广，但密度较大，可达 80 个/m^2。

亮钩虾属（*Photis* Kroyer，1842）

[15] 长尾亮钩虾（*Photis lomgicaudata* Bate & Westwood，1862）　分布于潮下带，水深 14～25m。

卡玛蜚属（*Kamaka* Derjavin，1923）

[16] 齿掌卡玛蜚（*Kamaka biwae* Ueno，1943）　分布于高潮带底泥中管栖，个体小，密度大。本种为中国海的首次记录。

玻璃钩虾科（Hyalidae）

明钩虾属（*Parhyale* Stebbing，1897）

[17] 毛明钩虾（*Parhyale plumulosa* Stitmpson，1857）　本种采自潮间带。春季在小平岛和马栏河口数量较多。

玻璃钩虾属（*Hyale* Rathke，1837）

[18] 施氏玻璃钩虾（*Hyale schmidti* Heller，1866）　本种采自马栏河口低潮带，数量较多。

壮角钩虾科（Ischyroceridae）

叶钩虾属（*Jassa* Leach，1814）

[19] 镰形叶钩虾（*Jassa falcate* Montagu，1808）　本种在潮间带海藻上以及养殖筏上采到，分布较广。

利尔钩虾科（Liljeborgiidae）

伊氏钩虾属（*Idunella* Sars，1895）

[20] 弯指伊氏钩虾（*Idunella curvidactyla* Nagata，1965）　采自潮下带

软泥底，分布较广，数量少。

利尔钩虾属（*Liljeborgia* Bate，1862）

[21] 锯齿利尔钩虾（*Liljeborgia serrata* Nagata，1965） 本种在潮下带深水海底采到，数量少。

光洁钩虾科（Lysianassidae）

弹钩虾属（*Orchomene* Boeck，1871）

[22] 小头弹钩虾（*Orchomene breviceps* Hirayama，1986） 本种在泥沙底采到，只分布在潮下带，分布较广，但密度较小，10 个/m^2。

马尔他钩虾科（Melitidae）

泥钩虾属（*Eriopisella* Chevreux，1920）

[23] 塞切尔泥钩虾（*Eriopisella sechellensis* Chevreux，1901） 本种在潮下带软泥底采到，分布广，密度小。

马尔他钩虾属（*Melita* Leach，1814）

[24] 朝鲜马尔他钩虾（*Melita koreana* Stephensen，1944） 本种是潮间带常见种。春秋季大量繁殖，密度较高。

[25] 小齿马尔他钩虾（*Melita denticulata* Nagata，1965） 本种仅在大连湾潮下带采到，数量不大。

[26] 瘤马尔他钩虾（*Melita tuberculata* Nagata，1965） 本种在潮下带采到，较少见。

合眼钩虾科（Oedicerotidae）

凹板钩虾属（*Caviplaxus*，1992）

[27] 胶州湾凹板钩虾（*Caviplaxus jiaozhouwanensis* Ren，1992） 本种在潮下带软泥底中采到，分布较广，密度可达 60 个/m^2。

华眼钩虾属（*Sinodiceros* Shen，1955）

[28] 同掌华眼钩虾（*Sinodiceros homopalmulus* Shen，1955） 本种在锦州湾 9m 深水底采到，密度为 10 个/m^2。

蚤钩虾属（*Pontocrates* Boeck，1870）

[29] 极地蚤钩虾（*Pontocrates altamarimus* Bate & Westwood，1862） 本种仅在龙王塘 40m 深水底采到。

四、受试生物的采集和培养

用网目为 0.5mm 的不锈钢筛子轻轻刮取水底表层沉积物或养殖设施表面的附着物，筛出栖居其中的端足类，放入盛有现场海水的容器中，迅速带回实验室，进一步分选出体长为均一的个体约 1 000 只，均匀放入体积为 3.8L 的培养罐中进行驯养。培养罐内底部置有 3cm 厚沾污沉积物。罐中海水初始温度与采集现场水温相同。驯化期间，每天升温 1～3℃，直至达到实验温度；充气，每天投喂 1 次硅藻（*Phaeodactylum tricomutum*），每次投喂量约为每罐 50ml（1.0×10^6cell/ml）。

要记载采集动物的时间、地点、方法以及运输和移取方式。

五、参考选题

（一）沾污沉积物 10d 直流式急性毒性实验

1. 实验设计　实验设 5 个浓度组和 1 个空白对照样品（采自清洁海区）。每个浓度组设 2 个重复样。

2. 实验容器　1 000ml 烧杯。

3. 实验生物　实验开始，将培养罐中驯养的端足类重新筛出，挑选健康活泼个体随机放入各个烧杯中，每瓶放入 20 个，30min 内不能立即钻入沉积物中者应被更换。

4. 实验条件的控制和参数测定

（1）沉积物的采集和贮存。如在污染海域采集沾污沉积物样品，可用有机玻璃制作的铲子直接刮取 5cm 厚的表层沉积物。获得的样品再经网目为 2.0mm 的尼龙筛过滤，将过滤出的沉积物样品充分混合均匀后，取其中的 2L 样品放入酸浸过的塑料瓶中，旋紧瓶盖，将塑料瓶放入冷藏箱，迅速带回实验室，置于 4℃低温下保存。

（2）实验前一天，将实验用 8 组沉积物样品分别再一次充分搅拌，混合均匀后，分别装入烧杯中，使烧杯底部沉积物厚度约为 30mm，上覆 500ml 20℃过滤海水；

（3）将玻璃瓶放入 20℃恒温水浴中，分别充气，启动海水直流装置，20℃恒温过滤海水不断流入玻璃瓶中，上覆水置换率为 200ml/h。

（4）温度控制在 19±1℃，或其他适宜温度；盐度在 31±1；pH 在 8.1±1；溶解氧在 7.1±0.2mg/L；

（5）实验期间不投饵，每天监测玻璃瓶中上覆海水的温度和盐度；第 1 天和第 9 天分别测量 pH 和溶解氧；

（6）第 10 天结束实验，求出各浓度组平均死亡率和半致死浓度。半致死浓度分别以污染物重量/干重沉积物或污染物重量/有机碳重量形式给出。

（二）几种金属的急性毒性实验

1. 实验设计　实验设 5 个浓度组和 1 个对照组；每个浓度组设 3 个重复

样。同时，选择适宜毒物浓度，设置2组，分别在实验系统中增加沉积物和提供食物，每组亦设3个平行样。

2. 实验容器 120ml烧杯或广口瓶，盛100ml实验溶液。或每只钩虾按至少2ml实验溶液准备试液。

3. 实验条件的控制和参数测定

(1) 实验一般进行48h，得到24h、48h的LC_{50}；也可采用72h或96h，用概率单位法处理数据，分别求出毒物的LC_{50}。

(2) 实验水温常采20±1℃。通过预实验得到毒物浓度范围。

(3) 预实验时按1.0的对数间差配置实验溶液。

(4) 进行每一系列实验时，要选用同一时间、同一来源的动物，且动物个体宜大小一致；

(5) 生物负荷。对于小型动物，端足类急性毒性实验每只钩虾按至少2ml实验溶液准备试液；

(6) 实验期间一般应该监测毒物的浓度，浓度易变的毒物，根据其浓度衰变的速度，每8～12h更换实验溶液一次。必要时采用直流系统，流速取决于毒物的性质和溶液的溶氧水平，一般要求容器内实验溶液12h更新90%；

(7) 对照组的死亡率≤10%；DO≥60%的饱和度；实验溶液浓度等对数稀释比≥0.6；在所有实验组中出现≤37%和≥63%的部分死亡率应各有一组。

六、讨论

(1) 底栖钩虾对沉积物毒性的敏感性；

(2) 不同污染物对底栖钩虾的毒性顺序；

(3) 沉积物和食物对毒性的影响。

主要参考文献

[1] 闫启仑，韩明辅，陈红星等．1998. 辽宁沿岸海洋底栖钩虾类的种类组成与分布．海洋环境科学．17 (1)：26～29

[2] 闫启伦，马德毅，郭皓等．1999. 锦州湾沾污沉积物急性毒性的海洋端足类检验．海洋与湖沼．30 (6)：629～634

[3] 韩建波，马德毅，闫启伦等．2003. 海洋沉积物中Zn对底栖端足类生物的毒性．环境科学．24 (6)：101～105

[4] 马德毅，章斐然．1988. 锦州湾表层沉积物中铅、锌、镉在各地球化学相间的分配规律．环境科学学报．8：49～55

［5］王树芬，尚龙生，朱建东．1983. 锦州湾海区几种海洋动物重金属含量．海洋环境科学．2（1）：39～45

［6］贾树林．1983. 锦州湾污染对海洋生物的影响．海洋环境科学．2（4）：1～10

［7］American society for testing and materials. 1992. Standard guide for conducting 10-day static sediment toxicity tests with Marine and Estuarine Amphipods. In：Annual Book of ASTM Standard. Water and Environmental technology. American Society for Testing and Materials. Philadelphia. PA. 1083～1106

［8］Edward R L，Michael F B，Steven M B *et al*. 1990. Comparative evaluation of five toxicity test with sediments from SAN Prapcisco Bay and Tomales Bay. Califonia. Environ Toxicol Chem. 9：1193～1214

第六节　温度对底栖端足类生长、发育的影响

一、实验目的

海洋底栖端足类主要栖息于潮间带软泥和泥沙底质以及近岸水域的养殖设施上。在我国渤海、黄海和东海均有分布，周年都有出现。海洋底栖端足类是进行海洋沉积物毒性检验的理想受试生物。已有研究结果表明，许多种类对沾污沉积物的急性和慢性毒性都具有良好的敏感性，是开展沉积物质量评价、进行沉积物毒性检验的良好受试生物。研究、确定适宜于底栖端足类在实验室内存活与生长、发育的温度，进而在实验室长期培养，可为其对沉积物毒性进行生物检验奠定基础。

同时，本实验使学生了解温度对底栖端足类生物学和生态学的影响；掌握水生无脊椎动物生态、生理学的基本研究方法，并熟悉生命表的编制方法和计算种群内禀增长率 r_m。

二、基本原理

时间特征存活率是任何种群的一个重要参数。该特征的数量以 l_x 表示，称为“生命表函数”。如果开始时是一个种群，具有很多刚出生的个体进行研究，记录下间隔 x_0、x_1、x_2、x_3 等时间内存活数量，那么，就能简单地得到相应的存活率 l_0、l_1、l_2、l_3 等。对于一个世代单一的种群，组成时间特征生命表需要如下参数：

X：为年龄期，此表是以年来划分的，也可以按月、周或日来划分。$X=0$，表示开始观察时种群个体是 0 龄。

n_x：为存活数。表示在每一龄期开始时的存活藤壶数，它是通过实际观察而得到的。

l_x：为存活率，它表示每一龄期开始时的存活比例，它是按照下面公式计算的：$l_x=n_x/n_0$

d_x：为死亡数，它表示从 X 到 $X+1$ 龄期中死亡数，即 $d_x=n_x-n_{x+1}$

q_x：为死亡率，它表示从 X 到 $X+1$ 年龄期中的死亡比例，即 $q_x=d_x/n_x$

L_x：各龄期中点的平均存活数，其值等于 $(n_x+n_{x+1})/2$

T_x：种群全部个体的平均寿命总和（或 X 龄和超过 X 龄的个体总数），其值等于将生命表中各年龄期中点的平均存活数自下而上累加所得的值，如 $T_x=\sum L_x$。

e_x：本龄组开始时存活个体的平均期望寿命，$e_X=T_x/n_{x1}$。显然，期望寿命计算要涉及到各龄期中点的平均存活数（L_x）及其累加数（T_x）两项，它们与种群存活曲线的类型有关。

生命表解释一般是根据存活曲线来分析。以 l_x 对龄期作图，或用它们的对数值作图，所得斜率表示存活率。前已叙及，e_x 是指进入 X 龄期的个体，平均还能活多长时间的估计值，因此称之为生命期望或平均余生。从理论上讲，e_x 值应从存活曲线下的面积（它代表该统计群所有个体存活的总个体年数）来进行计算。即：

$$e_x=\left(\int_x^{\infty} n_x d_X\right)/n_x$$

在公式中，∞表示最高年龄。由于 T_x 是平均存活数目与时间的乘积，表示存活的总个体年数，当 T_x 除以存活个体数 n_x 时，其商就为平均每个个体存活的时间，即期望寿命。其计算公式：

$$e_x=T_x/n_x$$

如果在生命表中同时考虑到出生和死亡两个过程，则在生命表中可以引入特定年龄生育力的概念，即在生命表中增加特定龄期出生率 m_x（代表各龄组（天）平均每个雌体的产仔数）及其与特定龄期出生率 l_x 的乘积 l_xm_x。将乘积相加，可求出总和 $\sum L_xm_x$，称为净生殖率 R_0。因为 R_0 既包括种群的出生率，又包括种群的存活率。所以，它代表种群每世代净增长率。由于不同动物或不同种群的世代时间长度不同，因此要比较种群间的净生殖率，必须求出世代平均长度，它是以母世代生殖到子世代生殖的平均时间来度量的。其近似计算方法如下（因为后裔不是同时出生的）：

$$T=(\sum xm_xl_x)/\sum l_xm_x=(\sum xm_xl_x)/R_0$$

由每世代的增殖率 R_0 和世代平均时间 T，就能求出种群的内禀增长能力。计算公式如下：

$$r_m = \ln R_0 / T$$

r_m 是一个种群的瞬时增长率（instantaneous rate）。就现代生态学发展水平而论，内禀增长能力能够比较全面地概括物种在增长方面的生理素质，通过它我们可以了解一个物种增殖的内在因素与外界条件的关系；也可以对不同物种的增殖能力进行对比，为进一步阐明生物种群数量变动规律提供依据。由于世代时间 T 是一个近似的估算值，所以上述 r_m 也只能是一个近似值。r_m 值精确值的计算方法，则要解如下方程式（Euler 方程）：

$$\sum_{x=0}^{\infty} e^{-rm \cdot x} l_x m_x = 1$$

这个方程式虽然很复杂，但可采用逐步逼近法求得精确值。Euler 方程的优点是把 r_m 直接与生命表中的 l_x 和 m_x 值联系了起来，只要有这两个值就可以直接求内禀增长能力，而且求出的值更加准确可靠。

内禀增长能力是一种瞬时增长率，它也可以转换为周限增长率（finite rate of increase）。其关系式是：

$$\lambda = e^{rm}$$

由于内禀增长能力是种群增殖能力的一个重要综合指标，它不仅考虑到动物的出生率、死亡率，同时还将年龄结构、发育速度、世代时间等因素包括在内。因此，它可以敏感地反映出环境的细微变化，是特定种群对于环境质量反应的一个灵敏指标。

三、实验材料和容器

1. 实验材料　在潮间带或近岸养殖设施上采集端足类成体和适量沉积质，迅速带回实验室鉴定，室温驯养，筛出孵化的幼体，挑选活泼健康个体适量，开始实验。计量幼体平均体长和平均体重。

2. 实验容器　1 000ml 烧杯。每只烧杯杯底铺 2cm 厚过滤沉积物，上覆实验海水 700ml。

四、实验设计

实验分为 5 个温度组；每个温度组设 8 个平行样；每个平行样放入 20 只钩虾。实验进行 16d。

五、实验条件控制和参数测定

（1）实验期间充气；自然光照；隔天换水 1 次；换水后投喂单胞藻；海水

盐度 30 左右；

（2）为防止温差过剧对幼体造成损伤，以驯养水温 20（±1)℃为基础，以每 2h 改变 3℃的速率渐次升（降）温；

（3）每个温度组每 2d 检查其中 1 个平行样，分别计算其中的存活率、日增长率和性成熟率，并分离出出生幼体；

（4）根据实验期间钩虾存活和生殖状况，尝试计算动物的产前发育时间、胚后发育速率、每雌的总生殖量（一生产仔数）和每胎生殖量、生殖频率（每 10d 产仔数）、两次生殖间隔和最后产仔时间；

（5）编制钩虾在各实验温度下的生命表，根据周限增长率、世代净生殖力和世代时间，采用 Birch 方法计算内禀增长率的精确值。

六、讨　论

（1）温度对底栖钩虾发育、生殖和种群增长影响的规律；

（2）底栖钩虾生长发育的适宜温度和对极限温度的耐受力；

（3）底栖钩虾实验室培养及其用于沉积物毒性检验实验温度的建议；

（4）底栖钩虾增长率与其他种类的比较。

主要参考文献

[1] 闫启仑，陈红星，韩明辅等．1999. 温度对海洋底栖端足类日本大螯蜚存活、生长和发育的影响．生态学报．19（4）：495～498

[2] 曹淑莉等．1990. 几种海洋微藻喂养中国对虾蚤状幼体饵料效果的试验研究．海洋通报．9（3）：55～62

[3] 闫启仑等．1998. 辽宁沿岸海洋底栖钩虾类的种类组成与分布．海洋环境科学．17（1）：26～29

[4] 任先秋．1992. 胶州湾底栖钩虾类（甲壳动物、端足目）研究．甲壳动物学论文集（第三辑）．青岛：青岛海洋大学出版社，214～317

[5] Marine bilogical consultants and southern California coastal water research project. Irvine ranch water district. Upper New port Bay and stream augmentation program. Flnal report. Marine Biological Consultants，1980，Costa Mesa CA.

[6] Stephensen K. 1938. Grandid ierella japonica n. sp. A new amphipod with stidulatingorgans from brackish water in JaPan. Annot. Zool Japon.（17）：179～184.

图书在版编目（CIP）数据

动物学实验/周一兵，曹善茂主编. —北京：中国农业出版社，2004.10
水产养殖学专业实验实习教材
ISBN 7-109-09149-X

Ⅰ.动… Ⅱ.①周…②曹… Ⅲ.动物-实验-高等学校-教材 Ⅳ.Q95-33

中国版本图书馆 CIP 数据核字（2004）第 100400 号

中国农业出版社出版
（北京市朝阳区农展馆北路 2 号）
（邮政编码 100026）
出版人：傅玉祥
责任编辑 武旭峰

中国农业出版社印刷厂印刷 新华书店北京发行所发行
2004 年 10 月第 1 版 2004 年 10 月北京第 1 次印刷

开本：787mm×960mm 1/16 印张：11
字数：176 千字
定价：19.50 元